失落的动物园

世界灭绝动物故事 1

郭耕 张楠 编著
李岩 佟欣悦 绘

化学工业出版社
·北京·

这是一套以动物灭绝的真实事件为主要内容的、兼具知识性和趣味性的科普读物。书中收录了数十种来自各大洲、在工业革命以后由于人类活动而灭绝消失的动物，它们曾经与人类共同存在于这颗星球上，如今却永远离开了。

书中不仅有流畅的文字叙述，还加入了精美的插图、有趣的漫画和相关的大数据，能让读者直观地看到这些已经灭绝的动物长什么样、如何生活，它们是如何被人类发现，它们的种群又是如何走向穷途末路的。

阅读这套图书，看到动物们可爱的样子和它们不可逆转的灭绝，定能激起人类的遗憾与共鸣，让孩子们真切地了解人类活动对生态造成的影响，形成全球性的生态观。

图书在版编目（CIP）数据

失落的动物园：世界灭绝动物故事. 1/ 郭耕，张楠编著. —北京：化学工业出版社，2022.1（2022.6重印）

ISBN 978-7-122-40556-2

Ⅰ. ①失… Ⅱ. ①郭… ②张… Ⅲ. ① 动物—普及读物 Ⅳ. ① Q95-49

中国版本图书馆 CIP 数据核字（2021）第 278935 号

审图号：GS（2022）72 号

责任编辑：张素芳　王思慧

责任校对：王　静

装帧设计：溢思工作室 / 张博轩　内文设计：梁　潇

出版发行：化学工业出版社（北京市东城区青年湖南街 13 号　邮政编码 100011）

印　　装：北京瑞禾彩色印刷有限公司

787mm × 1092mm　1/16　印张 12　字数 100 千字

2022 年 6 月北京第 1 版第 2 次印刷

购书咨询：010-64518888　售后服务：010-64518899

网　　址：http://www.cip.com.cn

凡购买本书，如有缺损质量问题，本社销售中心负责调换。

定　价：59.80 元

序言

气候变化异常、生物多样性丧失、瘟疫爆发是当下地球人类面临的三大棘手问题，三者的关系紧密而耐人寻味。物种大灭绝是生物多样性丧失最直白的呈现和描述，气候异常将推动上百万的物种走向灭绝。而众多物种的消失，又会使原本寄生于众多宿主身上的病毒，纷纷转移到人身上，进而引发新的疫病。如此恶性循环。

我作为一个科普工作者，调查了太多物种灭绝的因果，甚至亲历了一个物种“白暨豚”的灭绝。对此深感痛心的同时，也希望能够通过一些努力，唤醒人们的自然环保意识。可惜，绝大多数人们很难直观感受物种灭绝和生态环境的变化对人类有什么影响。如今全球肆虐的新冠疫情却给了人们一记重拳。因而，目前正是此类警示性的作品应运而生的时刻！开展生物多样性丧失或物种灭绝的警示教育刻不容缓。自然或环境教育的特点有别于其他教育的地方就是，不仅传授知识，更传播意识——环境意识、生命意识、人与自然和谐共存意识、生命共同体意识等。让孩子们理解人与自然是一种共生关系，了解人类活动对生态平衡造成的影响，从而让他们从小就树立与包括野生动物在内的自然万物和谐共处，与自然和谐共生的观念，并变成今后的自觉行动，是一件意义重大的事情。这也是我们创作这套《失落的动物园：世界灭绝动物故事》的初衷。

写给孩子们的科普书更应该精益求精，首先尽量避免科学上的谬误；其次，应该生动活泼地给孩子们介绍尽可能多的知识，而不是因为“哄孩子”就敷衍糊弄。这套书就很好地做到了这两点。书中收录了数十种来自各大洲、在工业革命以后由于人类活动而灭绝消失的动物。内容上不仅仅是根据多年跟踪研究以及大量积累的素材精心创作，还参考了大量国外学者一手的研究成果。这套书从博物学的角度，把人类、自然和动物作为一个生态整体，把精心挑选的科学知识，改编成孩子喜欢的科学故事，配上风趣幽默的小漫画，让孩子们也能轻松阅读，寓教于乐。同时，每个故事也配套写实风格的动物图像，让孩子们非常真切直观地了解动物长什么样。此外，书中每个故事后面，都以大数据的形式，集中呈现与该动物有关的各种知识，每一句话就

是一个知识点，在有限的篇幅内大大提升了知识的浓度，可谓是干货满满。

北宋大家张载曾言“为天地立心，为生民立命，为往圣继绝学，为万世开太平”，我借用并转述为“为天地立心，为生灵立命，为往生继绝学，为万世开太平”，其中的“绝学”和本系列图书的主题物种灭绝相呼应，这样的表述正是人与自然可持续发展的最佳注解。

本书在编撰过程中，得到了北京麋鹿生态实验中心科研科普工作者的支持和帮助。部分章节由他们主笔编写。这些章节包括：胡冀宁主笔的欧洲野马，苏文龙主笔的大海雀和新疆虎，朱明淏主笔的墨西哥灰熊和台湾云豹，朱佳伟主笔的亚洲犀牛和平塔岛象龟，刘田主笔的斯蒂芬岛异鹩，等等。在此，谨向他们致以诚挚的感谢。

郭　耕

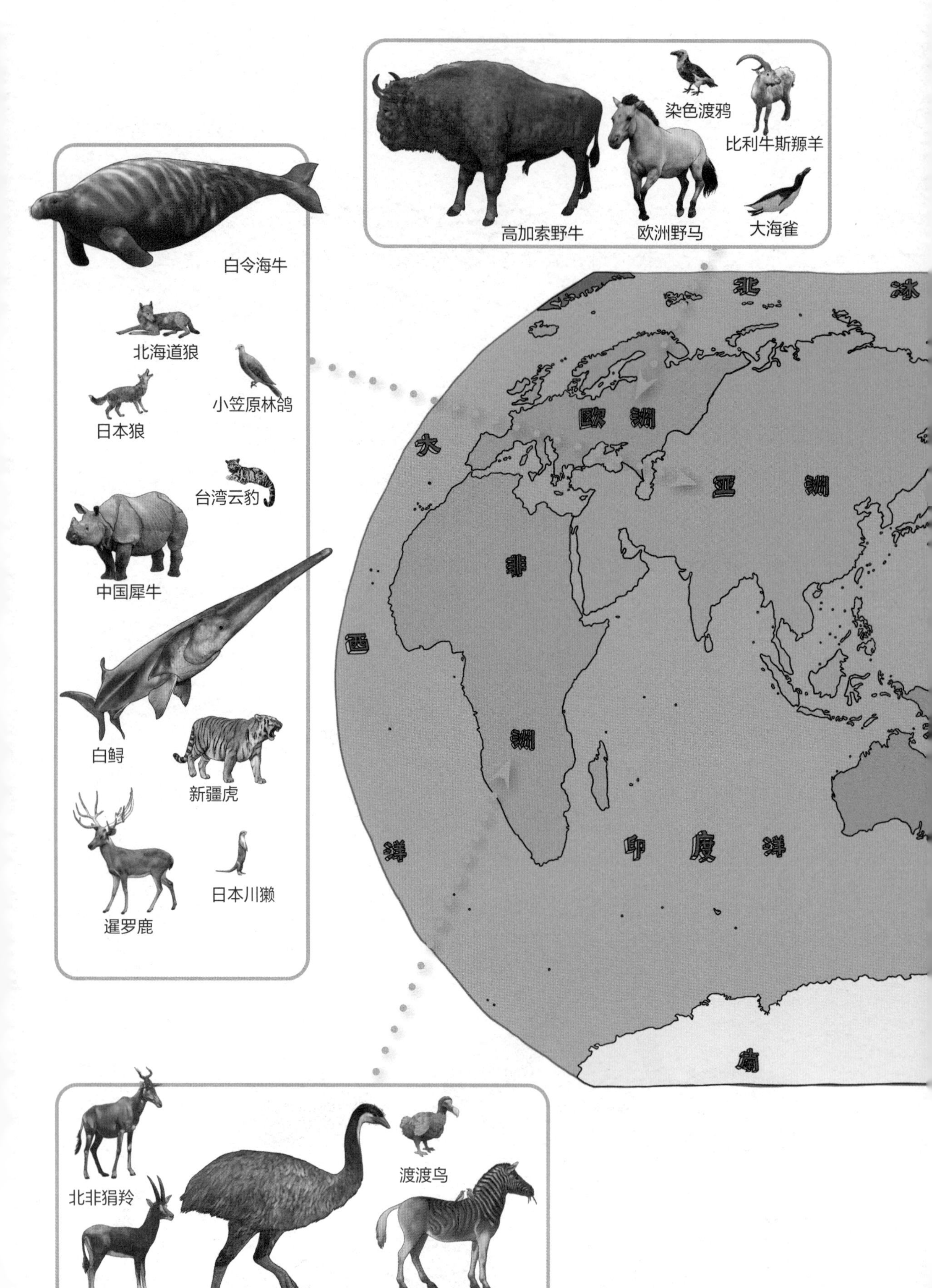
染色渡鸦
比利牛斯羱羊
高加索野牛
欧洲野马
大海雀
白令海牛
北海道狼
小笠原林鸽
日本狼
台湾云豹
中国犀牛
白鲟
新疆虎
日本川獭
暹罗鹿
北
冰
欧
洲
亚
洲
大
西
洋
非
洲
印
度
洋
南
北非狷羚
渡渡鸟
蓝马羚
象鸟
斑驴

海滨灰雀
旅鸽
卡罗来纳鹦鹉
加勒比僧海豹
拉布拉多鸭
牙买加稻鼠
纽芬兰狼

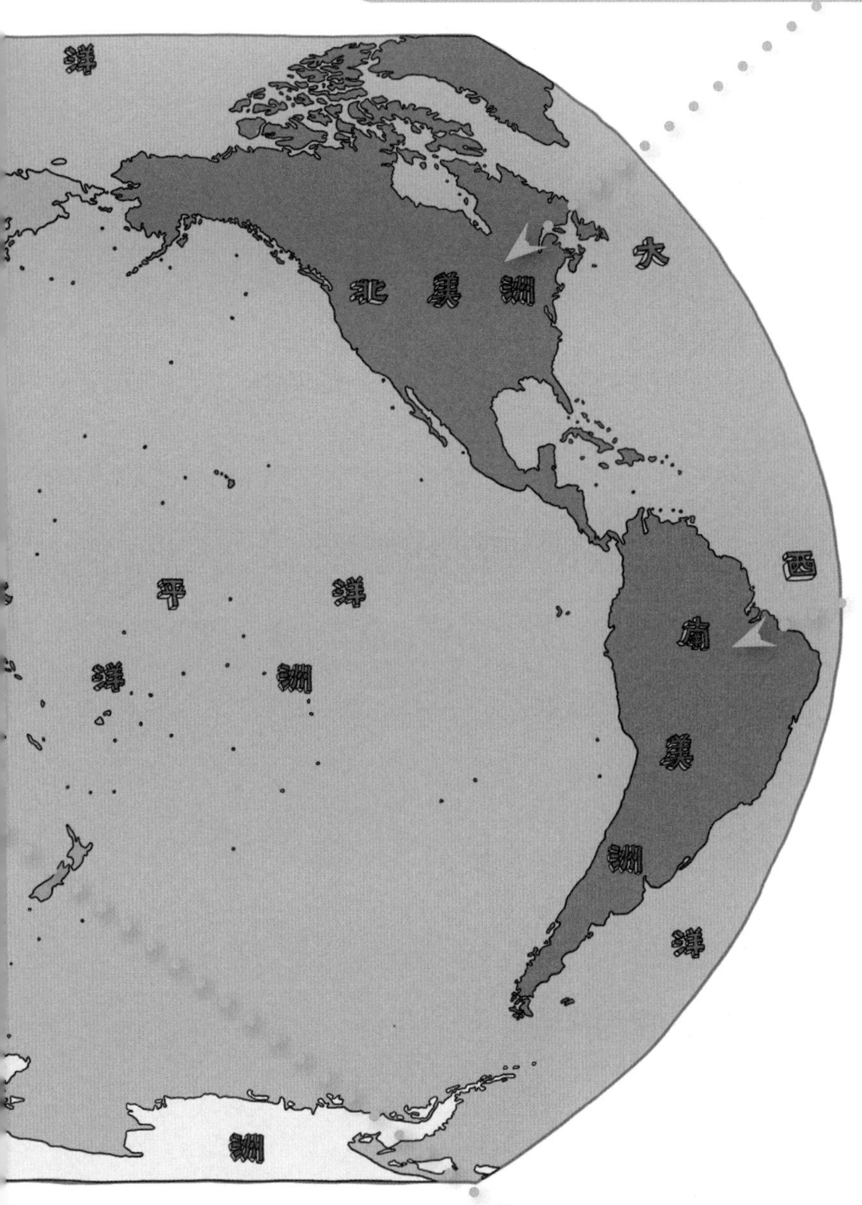

洋
北美洲
大
平
洋
洋
洲
西
南
美
洲
洋
洲

平塔岛象龟
福岛胡狼
墨西哥灰熊

褐兔袋鼠
兼嘴垂耳鸦
所罗门冕鸽
斯蒂芬岛异鹩
袋狼
豚足袋狸
小兔耳袋狸
图拉克袋鼠

目录

灭绝动物档案
海滨灰雀
分类
雀形目、沙鹀科
头尾长
12~15 厘米
翼展
约 20 厘米
体重
约 28 克
寿命
7~15 年
特征
眼睛前方有一道黄斑
180cm
0cm

海滨灰雀
十年间再无配偶的雄鸟

1986 年早春，美国佛罗里达州的迪士尼公园迎来了一位特殊客人，他名叫约翰·罗伯·维尔福特，是《纽约时报》的资深记者。两年前，维尔福特荣获了新闻界的诺贝尔奖——普利策奖，他的采访生涯可以说是身经百战了。然而，当他登上迪士尼公园的发现岛，去探访全世界最后一只海滨灰雀的时候，那沉重的心情，久久难以平复。

海滨灰雀是与麻雀大小相仿的小鸟，属于沙鹀家族。这种鸟不爱茂密的森林和灌丛，偏爱海滨空旷的盐沼。它黑色的羽毛独树一帜，叫声也别具一格。在美国东海岸的梅里特岛上，海滨灰雀已经独立进化了超过 25 万年。可惜的是，在 1980 年前后，这种鸟已经濒临灭绝。它的命运，牵动着维尔福特等媒体人的心。

小贴士

梅里特岛虽然叫做“岛”，其实是一个和大陆相连的半岛。它位于美国东南部的佛罗里达州，占地面积约 120 平方千米。美国 NASA 下属的肯尼迪航天中心就坐落在这里。阿波罗计划、天空实验室计划等项目都是在这里实现的。

沙鹀在美洲，如同麻雀在东亚一般家喻户晓。美国人将这些鸟俗称为 American sparrow（美国麻雀）。虽然沙鹀的体型、羽色和生态地位都像麻雀，但它们并非是麻雀的近亲，硬要和亚洲鸟类攀个亲戚的话，黄眉鹀、白眉鹀等鹀科鸟类与沙鹀的亲缘更近。

小小的迪士尼发现岛犹如一座博物馆，收罗了全球各地的濒危鸟类。在馆长查尔斯·库克的带领下，维尔福特穿过昏暗的热带树木，走向发现岛的深处。他们依次经过火鸡、犀鸟、小天鹅等动物的笼舍，转了几个弯，视野豁然开朗，神秘的海滨灰雀终于展现在他们眼前。

在一个长 2.4 米、宽 3 米的巨大鸟笼里，沙质的土壤中长着一株高大的莎草，使人联想起海滨灰雀的自然栖息地。1980 年前后，人们在圣约翰河沿岸捕获了最后 5 只灰雀，转眼间六年过去了，其中的 4 只相继死亡，仅剩下 1 只在笼中孤独度日。

透过莎草的缝隙，维尔福特看到了一只黑色小鸟，它体长约 15 厘米，一条腿上绑着橙色的识别环。大家都叫它“橙带”。

说起橙带的身体状况，库克馆长皱紧了眉头，他脸上的皱纹更深了。库克担忧地对维尔福特说：“橙带的一只眼睛因感染而失明了，飞行也不如以前敏捷了。它患上了一种类似痛风的老年病，不久我们恐怕就要失去它了。”

为了保护橙带，发现岛给它提供了贵宾级的待遇：人工降雨补充水分，食物营养精心配比，所有来观察它的人都必须消毒。虽然万般呵护，但随着岁月流逝，橙带还是一天比一天衰老虚弱。

橙带还能留下后代吗？实际上，海滨灰雀的雌鸟十多年前就消失了，只有橙带一只雄鸟，种群是无法繁衍的。

维尔福特心痛地望着笼中的小鸟，在心里自我安慰道：“至少目前橙带的状态还不错。”不一会儿，它由莎草跳到了地面上，扭动小脑袋啄着沙土中的种子。难以想象，一百多年前，美国博物学家约翰·詹姆斯·奥杜邦留下的记录中，这种鸟还是百千成群的。

依据奥杜邦的描述，海滨灰雀徜徉在海滨湿地，它们时而在草丛顶部飞舞跳跃，时而攀着草秆吱吱唱歌，一旦察觉危险，立刻沿着草秆向下滑，跳入植物的最深处。它们是这样灵巧敏捷，在草丛中上下运动的速度非常快，但由于它们的飞行轨迹又直又平，所以很容易被枪击中。

海滨灰雀的厄运从何时开始的呢？海滨灰雀的自然家园——佛罗里达州的梅里特岛，是白头海雕、美国短吻鳄等许多野生动物的栖息地。这片土地盐沼广布，并不适合人类定居，自从有人在此落户，就一直被盐沼中的蚊虫所困扰。

1940 年到 1970 年间，当地人掀起了一场灭蚊行动，做法是在盐沼中大范围喷洒剧毒农药。蚊子的问题虽然得到了控制，但剧毒农药残留在水源中，残留在甲虫、小螃蟹等小动物体内，最后通过饮食进入了海滨灰雀的身体，导致大批鸟儿中毒死亡。同时，由于钙质代谢失调，这种鸟的蛋壳变薄，顺利出壳的雏鸟越来越少。

小贴士

20 世纪中叶，人类的环保意识逐渐觉醒。1962 年，美国科普作家蕾切尔·卡逊出版了科普书《寂静的春天》，书中描写了过度使用农药化肥造成的环境污染和生态灾难。

当时的人们相信，提升沼泽的水位能抑制蚊虫。人类的这种做法，对于海滨灰雀而言，无异于亡族灭种。这种鸟的巢搭在植物的中下部，几乎贴着地面。如果水位上涨，它们繁殖的努力就全“泡汤”了。

规模巨大的蓄水池建立起来，其几乎占据了海滨灰雀的全部栖息地。雨季的降水排不出去，莎草等植物无法忍耐长时间的淹没，开始腐败死去，海滨灰雀的藏身之处、繁殖之地所剩无几。更糟的是，盐沼中的咸水被冲淡后，原本丰富的小螃蟹、小蜗牛渐渐消亡，海滨灰雀连觅食也成了问题。

自从 1975 年以后，就再没人见过雌性的海滨灰雀了。此后，人们想通过人工饲养挽救这个物种。但经过细致的野外搜寻，捕捉到的灰雀仅有 5 只，而且全是雄性，橙带就是其中之一。

维尔福特完成这次采访，走出了发现岛。他回头望着灰蒙蒙的天空，心中悲凉。他的这篇特稿随后刊登在《纽约时报》上，海滨灰雀的命运牵动了无数人的心。可仅仅一年之后，橙带就在鸟笼中安静地死去了。海滨灰雀这个亚种就此灭绝了。

海滨灰雀大数据

海滨灰雀**科学发现于1872年**，发现者是美国博物学家查尔斯·约翰逊·梅纳德。

海滨灰雀的拉丁文名字是*Ammodramus maritimus nigrescens*，意思是“**黑化的海滨沙鹀**”。

海滨沙鹀共有三个亚种，分别是海角亚种、斯考特亚种、暗色亚种（即海滨灰雀）。**根据羽毛颜色很容易分辨它们。**

海滨灰雀**仅分布于美国佛罗里达州的梅里特岛**，栖息于海滨盐沼中，和其他两个亚种有地理隔离。

海滨灰雀的**头部是黑色和橄榄色**，腹部是绿色，有黑条纹，眼前有一道黄斑。

海滨灰雀的叫声是一种**刺耳的嗡嗡声**。

海滨灰雀**不迁徙**，一生中很少旅行超过3千米。

海滨灰雀的**寿命只有10～15年**。

海滨灰雀主要吃甲虫、蜗牛、小螃蟹以及种子，觅食地点主要是**沼泽植物中或泥土中**。

海滨灰雀的**天敌**可能是**美国短吻鳄、白头海雕、短尾猫以及蛇类**。

海滨灰雀的巢为杯型，主要建在盐沼湿地中，**一窝生2～5个卵**。

海滨灰雀的**繁殖季节是3～8月**，卵在12～13天内孵化。雏鸟由父母共同照顾约9天可以出巢，然后再与父母共同生活约14天。

海滨灰雀的第一次换羽常发生在**8月下旬**。

海滨灰雀的**衰落始于20世纪40年代**，天然盐沼被破坏和剧毒农药的使用导致约70%的种群被消灭。

据调查显示，1952年海滨灰雀仅剩894对，1963年仅剩70对，**1969年仅剩35对**。

美国为了挽救海滨灰雀，购买了约24平方千米的土地，**建立了圣约翰野生动物园**。

全世界**最后一只海滨灰雀名叫“橙带”**，它在1979年被捕获，1983年起被饲养在美国佛罗里达州迪士尼公园的发现岛，**死于1987年6月17日**。

“橙带”曾经旅行超过12千米，途中它还找到了另一只被标记过的海滨灰雀“绿带”，以及两只没有被标识过的同类。

绿带非常难以捕捉，它在被绑上标记之后再也没有被捕捉过。绿带最后一次被目击是在1980年7月23日。

科学家曾经将橙带**与其他亚种的沙杂鹀交**，孵出了纯黑色的雏鸟。外表上看，这些雏鸟和橙带几乎没有差别，它们有87.5%的海滨灰雀血统。但是，政府不允许将杂交灰雀放归盐沼。

橙带**至少活到了8岁**，相当于人类的60岁以上。橙带死后，杂交计划宣布终止。其余的杂交灰雀死的死逃的逃，很快都消失了。

海滨灰雀**灭绝于1987年**，灭绝主因是人类为消灭蚊子滥用剧毒农药，以及天然盐沼被破坏。

分类	食肉目、海豹科
头尾长	平均 2.2 米
体重	170～280 千克
尾长	约 6 厘米
寿命	约 20 年
特征	身体呈纺锤形，上下肢为鳍状

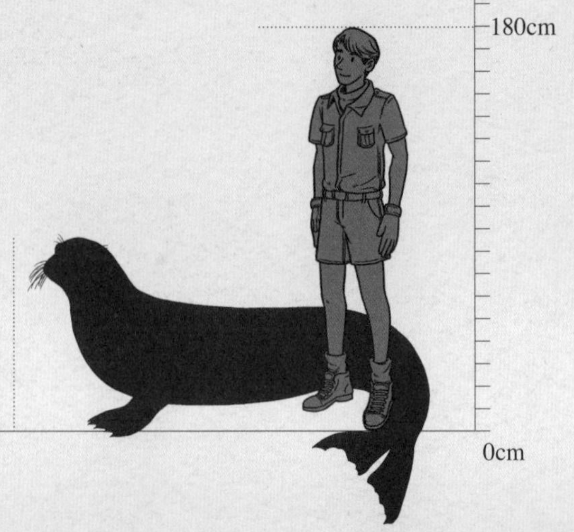

加勒比僧海豹
肥胖而温顺的“海狼”

1493 年秋天，距第一次美洲远航结束仅短短数月，哥伦布又开始了人生的第二次大冒险。这次他将率领由 17 艘帆船、1200 名乘客组成的庞大船队，前往大洋彼岸建立永久定居点。

或许是上天要让他经历更多的考验，第二年的盛夏，船队抵达加勒比海之后，这里酷热的天气和变幻莫测的风向，让水手们备受折磨，吃尽了苦头。不久，帆船之间的距离越拉越大，最终彼此分散在大海上。

小贴士

克里斯托弗·哥伦布（1451 年—1506 年），意大利探险家、航海家。他一生中完成了四次横跨大西洋的航行，并发现了美洲新大陆。他的第二次航海时间是 1493 年至 1496 年。

值得一提的是，哥伦布对大陆的认知有偏差，不相信美洲大陆的存在，始终认为自己探索的是中国与日本周边的海域。

大约在当年 8 月底，哥伦布把船停靠在了一座小岛旁边。这个地方与其说是岛，不如说是一块岩石，上面沙石裸露，植物稀疏，渺无人迹。为了寻找失散的船只，哥伦布派了一队水手上岸，让他们爬上小岛最高处的山坡，希望能有些新发现。但水手们还是没能看见其他船只，只好悻悻然返回了海滩。此时远处的沙滩上，一大群正在日光下香甜酣睡的大海兽，一下引起了他们的注意。

奥塔维拉岛位于今天的多米尼加共和国南部，是一个面积仅有1平方千米的小海岛，岛上最高处的海拔约150米。当年，哥伦布船队的水手们在这里发现了许多鸟类。这些鸟几乎不怕人，更不知道怎么躲人。他们用棍子就敲落了许多鸽子，有些鸟甚至用手就能从树上摘下来。

这些大海兽是北美洲唯一原生的海豹——加勒比僧海豹。但当时的欧洲人从未见过这种憨憨的动物，于是俗称它们为“海狼”。此时那些海豹睡得很沉，几个胆子大的水手，蹑手蹑脚地走过去，生怕把它们吵醒了。相隔只有几米远了，水手们甚至能看见，它们的背脊随着呼吸缓缓起伏着。这些动物的大部分皮肤呈褐色，腹部的颜色则发黄。远看时会还以为这种动物的皮肤很光滑，实际上它们身上长着一层非常短的毛，油亮油亮的。和它们肥硕的身体相比，圆圆的脑袋就显得很小了。它们的胡须时不时颤动着，好像在做美梦呢。

小贴士

加勒比僧海豹是存活到近代的三种僧海豹之一，其余两种是夏威夷僧海豹和地中海僧海豹。欧洲人熟悉的地中海僧海豹皮毛为灰色，这可能也是海豹被称为“海狼”的原因之一。

在好奇心的驱使下，水手们越走越近，脚下的沙粒咯吱作响。其中一只海豹听到了动静，缓缓睁开了棕红色的大眼睛。它的神态无异于清梦被扰的人类，不耐烦地扫视着周围的陌生人，然后打了一个大大的哈欠，露出嘴里白森森锋利的尖牙。水手们全都屏住了呼吸，他们唯恐这种野兽会袭击人。但没想到的是，这只海豹竟然完全不把人类放在眼里。它扭了扭肥胖的身体，又缓缓眯起眼睛，继续安闲地享受着日光浴。

看起来，这些海豹和某些海岛上的鸟类一样，它们从没见过人类，对人类也没有戒心。实际上，可能是在陆地上没有天敌吧，所以它们从不担心来自陆地的威胁。于是水手们的胆子慢慢大了起来，他们盯着海豹肥嘟嘟的肚子，相互交换了一下眼神，仿佛在怂恿：“你猜这些大家伙的肉好不好吃？”

关于海豹肉的幻想，把他们肚子里的馋虫都勾了出来。其中一个水手咽了咽口水，一狠心一咬牙，扬起手中的铁镐，向海豹的脑袋狠狠砸去。这个可怜的大家伙，几乎没发出什么声音便一命呜呼了。想要如法炮制杀死第二只海豹的时候，也许是因为心虚，这一击打偏了，没有立即致命。受伤的海豹挣扎着醒了过来，向水手们发出一阵愤怒而嘶哑的低吼。

这时候，沙滩上的其他海豹也被惊醒了，沙滩上顿时乱作一团。受伤的海豹用尽最后一丝气力向前猛蹿，想咬住那些行凶者。有的海豹用脑袋去顶奄奄一息的同伴，有的海豹瞪大眼睛惊诧地望着这一切，还有几只海豹一看情况不妙，拼命地扭动身体向海里逃去。

想要逃跑谈何容易啊，这些动物的身体太重了，而且四肢都是鳍状，只能用上肢拖动身体在沙滩上缓缓挪动。水手们见状马上追了上去，从背后给了它们致命一击。因为水手们知道，想抓住水中的海豹几乎是不可能的，虽然这些动物在岸上很笨拙，但在水下却非常灵活，而且力气极大。

哥伦布的船队在小岛停泊了三天，至少有 8 只加勒比僧海豹被杀死。哥伦布在航海日志中提到的“海狼”，是人类对于这个新物种的最早记载。

15 世纪末，加勒比海域大约有 20 万只海豹。翻看后世航海家的日记可知，在古巴、巴哈马群岛等许多地区，都曾留下人类捕杀海豹的记录。起初，人们就像哥伦布的船员一样，狩猎海豹主要是为了吃肉，或者用海豹皮制作帽子、皮带和背包。

关于 16 世纪水手们如何使用海豹皮，瑞典自然学家康拉德曾经略带传奇色彩地写道：“水手们穿戴海豹皮，因为海豹皮性质独特。当遇到雷电等恶劣天气时，毛发会竖起并且变硬；而在天气温和时，毛发就会躺下。”

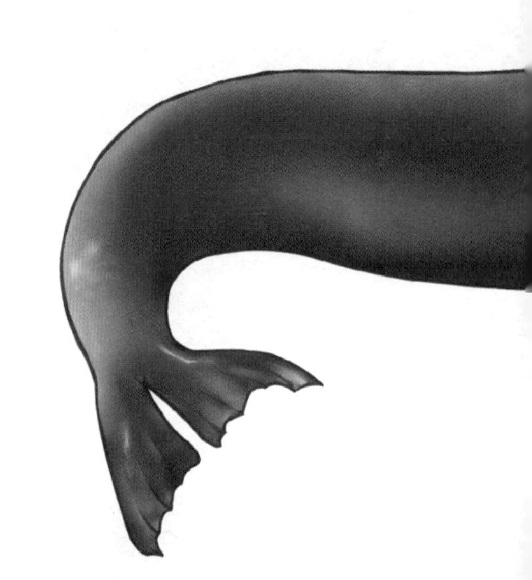

除了肉食和皮毛，人们捕杀海豹的最主要原因，是为了获得油脂。在那个石油工业尚不发达的年代，人们迫切地需要食用油、燃油和润滑油，而加勒比僧海豹是北美地区最唾手可得的油脂来源。

爱尔兰博物学家汉斯·斯隆在1707年留下了这样的记录："巴哈马群岛上满是海豹。有时，渔民们会在一夜之间捕杀上百只，然后将它的油脂融化，再将其当做灯油运到岛上。"与此同时，美洲的制糖厂主为了获得种植机的润滑油，每每趁着月黑风高夜，雇佣狩猎队一晚便能杀死数百只海豹。

1850 年以后，虽然海豹的数量已经减少到不足以开展商业狩猎了，但海豹遇害的消息却从未间断过。渔民们视海豹为吃鱼的害兽，水手们迷信海豹会吃落水的人，捕杀海豹的人总有各种各样的理由，有时候仅仅是为了“好玩”。

1886 年 12 月，首个加勒比僧海豹科学考察队成立了。但适得其反，考察队不仅没有进行保护，反而在 4 天内杀死了 42 只海豹，并抓走了一只刚出生的海豹幼崽，人工饲养一周就把它养死了。

随着加勒比海捕鱼业的发展，人类过度捕捞海洋鱼类，致使仅存的一小部分海豹，也面临着饥饿的威胁。

到了 1890 年，也就是哥伦布初次记录“海狼”400 年后，加勒比僧海豹已经变得极为稀有了。夏威夷海洋公园、圣地亚哥动物园、纽约动物园等保育机构都曾饲养和展出过加勒比僧海豹，但这种动物无法适应人工饲养的条件，大多数都迅速死去，没能留下后代。

1939 年 12 月，最后一只由人类捕杀的加勒比僧海豹死在了佩德拉群岛。十三年后，有人在小塞拉纳岛瞥见了这种动物最后的身影。从此之后，人们再也没找到加勒比僧海豹存活于世的证据。

加勒比僧海豹大数据

加勒比僧海豹**科学发现于1850年**，发现者是英国动物学家约翰·爱德华·格雷。

加勒比僧海豹的拉丁文学名为 *Neomonachus tropicalis*，大意是“**热带的新和尚**”。

加勒比僧海豹又叫西印度洋海豹、海狼。之所以被称为“僧”海豹，是因为它脑袋浑圆，颈部有肉褶，**酷似穿袍子的僧侣**。

加勒比僧海豹是**海洋哺乳动物**，也是恒温动物。

加勒比僧海豹是**加勒比地区的特有物种**，与它亲缘最近的动物是夏威夷僧海豹。

加勒比海豹的**身体是褐色的，长着不足1厘米的硬毛**，皮毛中的藻类会使其外表呈现绿色。它的手掌和脚掌是赤裸的。

刚出生的小海豹**有纯黑色柔软的茸毛；年老的**海豹**毛色较浅，灰毛较多**。

加勒比僧海豹的眼睛**有瞬膜保护**，瞳孔为圆形。它的耳朵没有外耳郭，鼻孔和耳孔都可以自由关闭。

加勒比僧海豹的**前肢指头短，后肢趾头长**。前肢有发达的指甲，后肢指甲不明显。

加勒比僧海豹会组成20～40只的群体，历史上在加勒比海可能有**100多个**这样的兽群。

加勒比僧海豹的**天敌主要是鲨鱼**。

加勒比僧海豹有32颗锋利的牙齿，**主要吃鱼类和甲壳类动物**。

加勒比僧海豹清晨和黄昏活动频繁，**通常夜间下海捕鱼**，但年轻的海豹为了避免竞争，也会白天下海捕鱼。

加勒比僧海豹有至少**10厘米厚的脂肪层**，每年11月和12月是它们最胖的时候。体长1.27米的加勒比僧海豹禁食4个月后，仍可炼出15升油；体长2米左右的加勒比僧海豹能产油76～114升。

加勒比僧海豹**能发出许多种声音**，包括狗一样的吠叫，猪一样的哼哼，还有嘶哑的咆哮。刚出生的小海豹会发出长长的喉音“啊”。

加勒比僧海豹**喜欢多石多沙的海岸线**。它们大部分时间生活在海里，但海滩是重要的休息场所和繁殖地。

加勒比僧海豹**在陆地上行动不便**，可能是趁着涨潮来到岛上，退潮后在海滩上睡觉。

每年12月是加勒比僧海豹的**繁殖高峰期**。繁殖区包括西加勒比海、巴哈马南部和大安的列斯群岛。

加勒比僧海豹分娩时不会完全离开水。它们一胎只生一崽，幼崽刚出生时约长 90 厘米，体重 17 千克。
加勒比僧海豹有 4 个乳头，而且乳头可以回缩。幼崽出生 2 周之后即可断奶。
哥伦布留下了人类关于加勒比僧海豹的第一条记录。第二条记录是西班牙探险家德莱昂留下的，1513 年他发现了干龟岛，并在那里杀死了 14 只温顺的加勒比僧海豹。
水手们一般不会用枪打死海豹，因为枪声会吓跑其他睡着的海豹。
一些欧洲水手不喜欢吃海豹肉，尽管它们味道很好，但很快就会变质。
传说加勒比僧海豹皮有很多神奇功效，例如制成腰带可以减轻背部疼痛，做成帽子可以反映恶劣天气，等等。但大多数没有科学依据。
加勒比僧海豹很容易驯服，而且也很聪明。水族馆里的海豹能学会一些动作，有些海豹还喜欢恶作剧，比如向游客身上泼水或者吐水。
许多加勒比僧海豹死于水族馆中，它们在人工饲养条件下寿命很短。
过度捕杀是加勒比僧海豹灭绝的主要原因，其灭绝于 1952 年。
2008 年开始，美国曾进行过长达五年的地毯式搜索，但没有发现一只加勒比僧海豹。

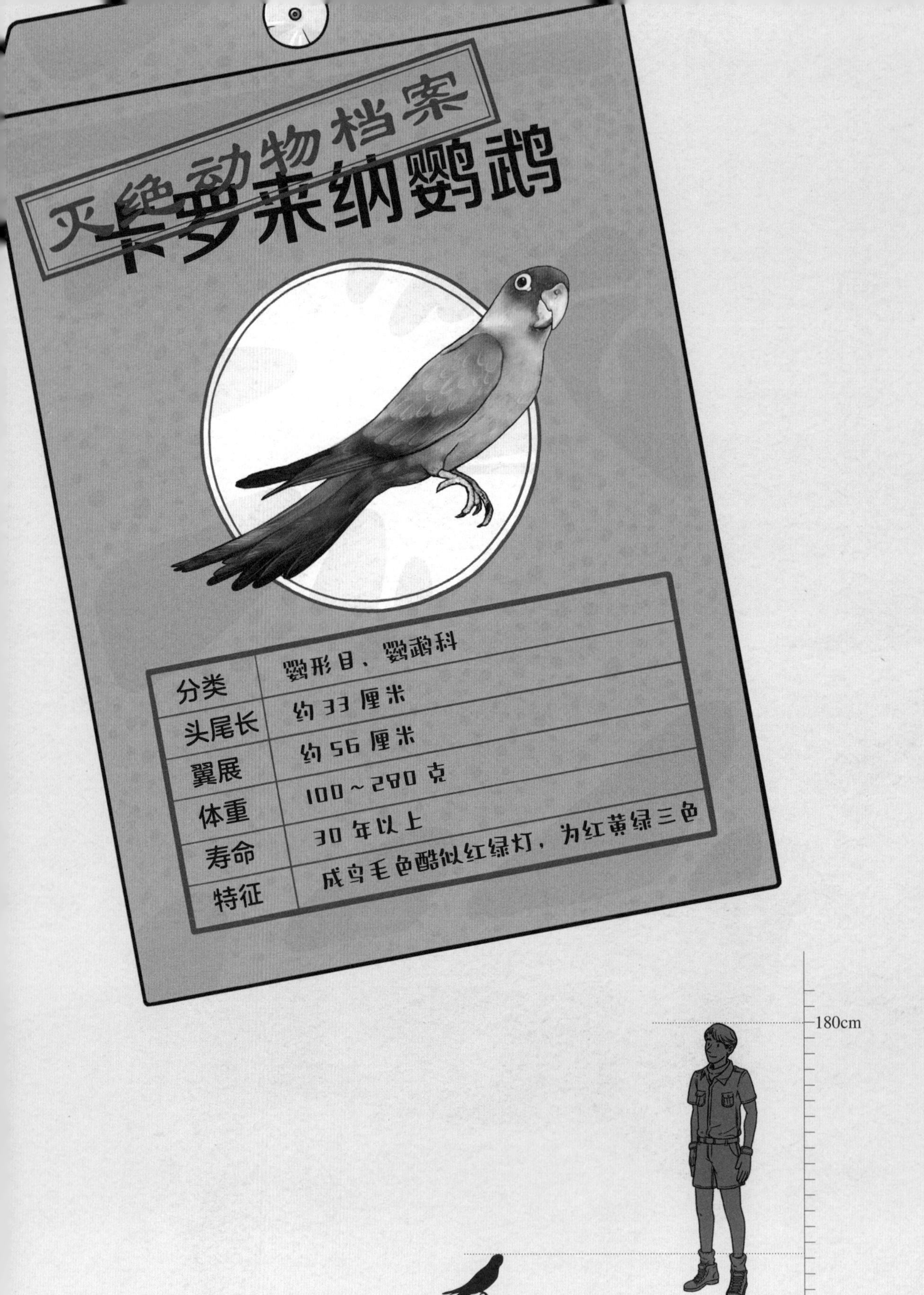

分类	鹦形目、鹦鹉科
头尾长	约 33 厘米
翼展	约 56 厘米
体重	100～280 克
寿命	30 年以上
特征	成鸟毛色酷似红绿灯，为红黄绿三色

卡罗来纳鹦鹉
救助同胞却惨遭团灭

小贴士

鹦鹉是鸟类中的“智多星”，其脑部占身体的比例比人类更大。有些鹦鹉经过训练后不仅会“学舌”，还会造句和算数，深得人们的喜爱。

在距今一百多年前，北美的森林中生活着一种艳丽夺目的卡罗来纳鹦鹉。它的分布范围比现存的任何一种鹦鹉都更靠近北极，达到北纬 40° 。作为唯一一种美国土生土长的鹦鹉，这种鸟曾多达数百万只，栖息地覆盖了美国国土的三分之二。

翻看 19 世纪北美探险家的手稿，卡罗来纳鹦鹉的记录比比皆是。这种鹦鹉身披红黄绿三色的羽毛，百千成群优雅地穿梭林间，恍如红绿灯一般美丽耀眼。

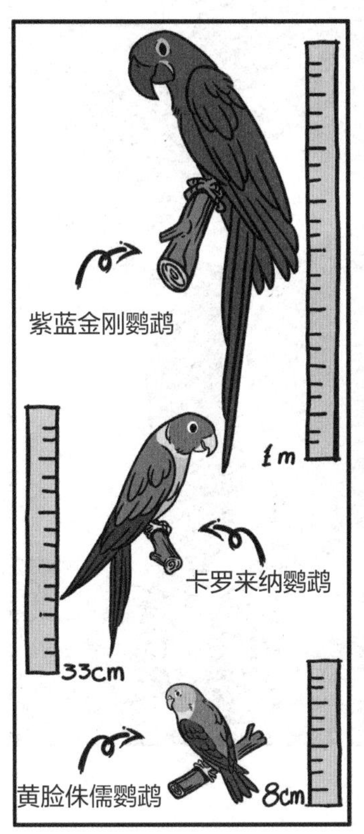

人们从博物学家约翰·詹姆斯·奥杜邦的描述中得知，卡罗来纳鹦鹉有种怪癖，酷爱吃苍耳的种子。它们也是这种植物种子的有力传播者。

小贴士

苍耳是一种常见的野草，茎干大约半米多高，在美国东部和密西西比河流域生长繁茂。它的果实表面有钩刺，能挂在动物的皮毛上。如今我们知道，苍耳的种子可以榨油，还有一定的药用价值。但在一个多世纪前的美洲，人们一致认为苍耳没有用，而且有毒。

当卡罗来纳鹦鹉群发现了茂盛的苍耳，它们蜂拥而至，大快朵颐。先用厚实的喙摘下果实，再用爪子握住，嘴巴灵巧地剥开果壳吃掉种子，空壳散落一地。成百上千只鹦鹉日复一日地徘徊进食，直到这里的苍耳果球几乎被吃光，它们才兴趣索然地成群离去，将种子通过排泄传播到远方。由此，苍耳得以在新的土地上生根发芽。

鹦鹉的下颌骨没有与头骨融合，可以独立移动，能产生巨大的咬合力。大型金刚鹦鹉的咬合力与大型犬相当。

数百万年间，卡罗来纳鹦鹉以苍耳为主食，苍耳借助鹦鹉传播种子，它们相互依存，和谐共生。但随着人类对北美地区的掠夺式开发，原始森林被砍伐，长满苍耳的荒野被清理，改建为农场。卡罗来纳鹦鹉失去了藏身之处，又无食物来源，它们饥不择食地飞进农田和果园偷吃作物。

鹦鹉群围攻堆在田间的谷物，其数量之多，完全将谷堆盖住，如一层艳丽的地毯。它们很浪费，破坏的作物是其食量的两倍。哪怕树上的果子还很小，远远没有成熟，卡罗来纳鹦鹉也要恶作剧似的摘下来，剖开果肉只吃里面的种子。它们对成熟的种子情有独钟，如果剖开果肉看见种子还没有成熟，就失望地把这个果子随爪一扔，再摘一个。

鹦鹉群从一个枝杈飞到另一个枝杈，从一片果树林飞到另一片果树林，浩浩荡荡，如同暴风雨席卷而过。所有树木上的果实都被摘下啄坏，空留光秃秃的枝叶在风中颤抖。

小贴士

大多数鹦鹉能用脚爪灵活地抓握食物。它们有惯用的脚爪，有左撇子和右撇子之分。

农户们对卡罗来纳鹦鹉深恶痛绝，毫不留情地捕杀它们。尽管这种鹦鹉在进食前警惕性很强，总要盘旋侦查几圈才会落地，但当它们开始进餐时，就会全神贯注地采摘水果，撕扯谷物，人类很容易靠近并射杀它们。

卡罗来纳鹦鹉有一种独特的习性，它们的社群性很高，一只鹦鹉中弹后垂死挣扎，它的哀鸣能召回整个鸟群。可悲的是，一波又一波的鹦鹉被同伴的哀鸣所吸引，它们奋不顾身，飞回到最危险的地方，聚集在受伤的鹦鹉身边。但农户们仍一刻不停地射击，一批又一批鹦鹉惨死在血泊之中，短短几小时内，数百只鹦鹉被屠杀殆尽。曾经喧闹的鸟群片刻仅剩一片死寂。

鹦鹉没有声带，叫声是通过一种叫“鸣管”的器官发出的。改变鸣管的形状会产生不同的音调。大多数鹦鹉都可以模仿声音。

在当时，不止农户们捕杀卡罗来纳鹦鹉，人类的欲望也使它们在北美各地惨遭捕杀。人们渴求卡罗来纳鹦鹉的羽毛，用来制作女士帽子上的装饰。有些人也把它养作宠物，终身囚禁在鸟笼之中。而人类带入新大陆的家禽可能已将致命的疫病传染给了它们。

1904 年，最后一只野生的卡罗来纳鹦鹉死于人类之手。1918 年，最后一只人工饲养的卡罗来纳鹦鹉度过了 30 多年的囚徒生活，在美国的辛辛那提动物园中死去。这只鸟的俗名叫“印加人”。它所住的笼子，正是 4 年前全世界最后一只旅鸽所住的。

人工繁殖的希望破灭了，人们终于惊讶地意识到，那种曾经让农户绞尽脑汁也驱逐不完的害鸟，竟然已经悄无声息地消失了。如今，它们美丽的倩影已再无处可寻了。

卡罗来纳鹦鹉大数据

卡罗来纳鹦鹉**科学发现于1785年**，发现者是瑞典博物学家卡尔·林奈。

卡罗来纳鹦鹉的拉丁文名字是*Conuropsis carolinensis*，意思是“**卡罗莱纳地区类似锥尾鹦鹉的鸟**”。

卡罗来纳鹦鹉在大约550万年前出现在北美，是**美国仅有的两种鹦鹉之一**。

成年卡罗来纳鹦鹉的羽毛为**红黄绿三色**，未成年的鹦鹉主要为绿色。

沿河的沼泽与森林是卡罗来纳鹦鹉的首选栖息地。它们也生活在农田里。

卡罗来纳鹦鹉**擅长爬树**，动作非常灵巧。当注意到人类靠近时，它会沿着树干向上爬。

卡罗来纳鹦鹉在清晨和黄昏觅食，**主要吃各种野果和种子**，如柏树、榆树等的种子，以及桑葚、山核桃、葡萄等农作物，但是不喜欢玉米，尤其喜欢苍耳种子。

鹦鹉**约有300个味蕾**，位于它们的上喙内侧。人类的舌头上约有10000个味蕾。

卡罗来纳鹦鹉**发现食物后，不会立刻下落**，而是先对周边环境进行观察，盘旋下降后再起飞，确定安全后才会落下。当其中一只鹦鹉发出警报，整个鸟群会立刻飞走，当天不会再回到同一地点觅食。

卡罗来纳鹦鹉雄性**比雌性体型大**。

卡罗来纳鹦鹉**集群生活**，一群多达200～300只。

卡罗来纳鹦鹉非常喜欢用声音交流，**极少有保持安静的时候**。鸟群喧闹的叫声能传出3千米远。但据说，它不会学舌，而且叫声令人讨厌。

卡罗来纳鹦鹉**飞行时速度很快**，路线笔直，仅当树枝或房屋等挡路时，它们才会绕行。

卡罗来纳鹦鹉**喜欢沙子**，它们在沙子里打滚洗澡，并将沙子吞下，有时也会采食盐碱土。

卡罗来纳鹦鹉离巢觅食时，**巡游距离可达50千米，夜间才回到洞穴中休息**。它们的洞穴主要是利用啄木鸟的旧树洞或者翠鸟挖掘的土洞。

黄昏时，卡罗来纳鹦鹉如果找不到足够大的树洞栖身，就**会用喙和脚爪攀住树干，紧贴在树皮上过夜**。

卡罗来纳鹦鹉脾气暴躁，当受伤或被捕时，会用尖锐有力的下颚咬人。
卡罗来纳鹦鹉可能具有毒性。据说，有猫和狗食用了这种鹦鹉而中毒身亡。
库柏鹰是成年卡罗来纳鹦鹉的天敌，浣熊、臭鼬、松鼠和蛇会威胁到这种鹦鹉的蛋。
卡罗来纳鹦鹉的寿命非常长，最后一只人工饲养的卡罗来纳鹦鹉在动物园里生活了 35 年以上。
由于人为过量的捕杀，卡罗来纳鹦鹉的价格非常便宜。博物学家奥杜邦曾经用极低的价格向人购买卡罗来纳鹦鹉用于创作生物绘图。
卡罗来纳鹦鹉灭绝的原因很复杂。森林砍伐、人为猎杀，以及家禽携带的疫病都可能导致卡罗来纳鹦鹉灭绝。
目前全世界各地的博物馆中收藏有约 700 件卡罗来纳鹦鹉标本。

分类	雁形目、鸭科
头尾长	50.8 厘米
翼展	76.2 厘米
尾长	7.9 厘米
喙长	4.5 厘米
体重	0.4～0.8 千克
特征	嘴里有 50 个耙子似的薄片

拉布拉多鸭

北美新大陆被发现后灭绝的第一种鸟类

1878 年 12 月初，一场酝酿已久的暴风雨袭击了美国东北部。滚滚黑云在拉布拉多地区汇聚，伴着咆哮的雷声和怒吼的狂风，大雨倾盆而下。这场暴风雨持续了三天仍未停止，河流的水位急速上涨，气温骤降。

据说，12 月 12 日这天，一位远在纽约南部的年轻猎人带着猎枪，冒雨进入开姆河沿岸的洼地森林狩猎。当时，森林里已经河水泛滥，许多野鸭随河流漂到这里。野鸭们在水面上畅快地游弋，年轻猎人悄悄靠近它们，眼疾手快扣动扳机，不久便满载而归了。

这位猎人究竟射杀了多少只鸭子无人知晓，但关于他捕到一只“怪鸭”的消息很快传遍了小镇。那是一只稀奇的海鸭，在内陆地区很难见到，连经验丰富的老猎人都叫不出它的名字。住在附近的科学调查员威廉·格里格听到这个消息后，便急匆匆地登门拜访，希望能看一眼那只鸭子并将它制成标本。但人算不如天算，威廉还是来迟一步，鸭子已经被煮熟端上了餐桌，只剩下鸭头和鸭脖，还是原生态的样子。尽管非常失望，威廉还是小心翼翼地将鸭头和鸭脖带走了。

作为一名资深的观鸟爱好者，威廉依据这只鸭子仅存的部分判断出，这是一只珍贵的拉布拉多鸭。他激动地提起笔向美国自然基金会汇报：“我们首次在开姆河洼地发现了拉布拉多鸭，这种鸟在美国各地都很罕见。作为海鸭，它竟出现在如此靠南的内陆地区实在令人惊异。”

威廉将带回的鸭头和鸭脖制成标本，珍藏了多年。后来，威廉将这个标本打包并委托他人送到纽约，谁料鸭头标本随后竟然遗失了。威廉猜测，也许保管人认为残缺的标本没什么价值，就将它和其他生了蛀虫的残破标本一起扔掉了？！

当时的人们并不知道，年轻猎人在开姆河边射杀的这只鸭子，竟然是拉布拉多鸭这个物种的最后一只；而这件仅有鸭头和鸭脖的标本，也是历史上最后一件拉布拉多鸭的标本。

的确如此，1878 年以后，世上再也没人见过拉布拉多鸭。虽然一些热心的鸟类学家一直锲而不舍地寻找，但不论是在纽约和波士顿的市场上，还是在北方偏远地区的猎人那里，都没有了这种鸟的消息。作为哥伦布发现新大陆之后，北美灭绝的第一种特有鸟类，拉布拉多鸭在被人类充分了解之前，就从地球上消失了。

时间回溯到数百年前，我们不难想象，当历史上第一批欧洲移民从北美洲西岸登陆时，他们也许在海湾中看到过美丽的拉布拉多鸭。雄鸭的羽毛黑白相间，雌鸭则是暗淡的棕色。它们和其他海鸭一样，时而在浅滩休憩、潜水觅食，时而又成群结队翱翔天际，喧闹的叫声久久回响。拉布拉多鸭的数量一直不多，但分布范围很广，如今人们对这种鸭子的了解，大多来自 19 世纪鸟类学家或猎人的记述。

19 世纪初，美国鸟类学家詹姆斯·奥杜邦曾在著作中写道："1833 年 1 月，我的儿子到加拿大布朗萨布隆旅行时，在低矮的树丛顶上发现了几个空鸟巢。从当地一家渔业机构的英国籍店员口中得知，这就是拉布拉多鸭的巢……冬天，我的朋友麦卡洛克教授在加拿大的皮克图地区采集到了拉布拉多鸭的标本。美国波士顿的丹尼尔·韦伯斯特也给我送来过一对拉布拉多鸭，据此我创作了生物学绘画。在卡姆登地区，我还认识一位鸟类标本工匠，他手里有许多精美的拉布拉多鸭标本。这些鸭子都是他以贝类作为钓饵，从几米深的浅海里钓上来的。不过，这种鸟是如何潜水，如何挣扎的，他也没亲眼见过。”

小贴士

约翰·詹姆斯·奥杜邦（1785年—1851年）是美国著名的画家、博物学家、鸟类学家。他的画作不仅对动物观察入微，也具有极高的美学价值。1927年前后，他出版的《美洲鸟类》图谱展示了435种野生鸟类，另有20多万字的自然观察记录。这本图谱被后人誉为19世纪最伟大、最具影响力的著作，被视为美国的国宝。

19世纪末，一位名叫尼古拉斯·派克的学者这样描述：“羽毛丰满的成年拉布拉多公鸭极为罕见，我所见过的不超过三四只，其余都是母鸭或年轻公鸭。这种鸭子很害羞，很难接近，稍有风吹草动便从水面起飞，它们飞翔的速度很快。在1858年，一只孤独的公鸭闯入了我位于大南湾的养殖场，并在我的凳子间休憩。我本有个好机会打中它，但就在我兴奋地靠近它时，我错失了良机。”

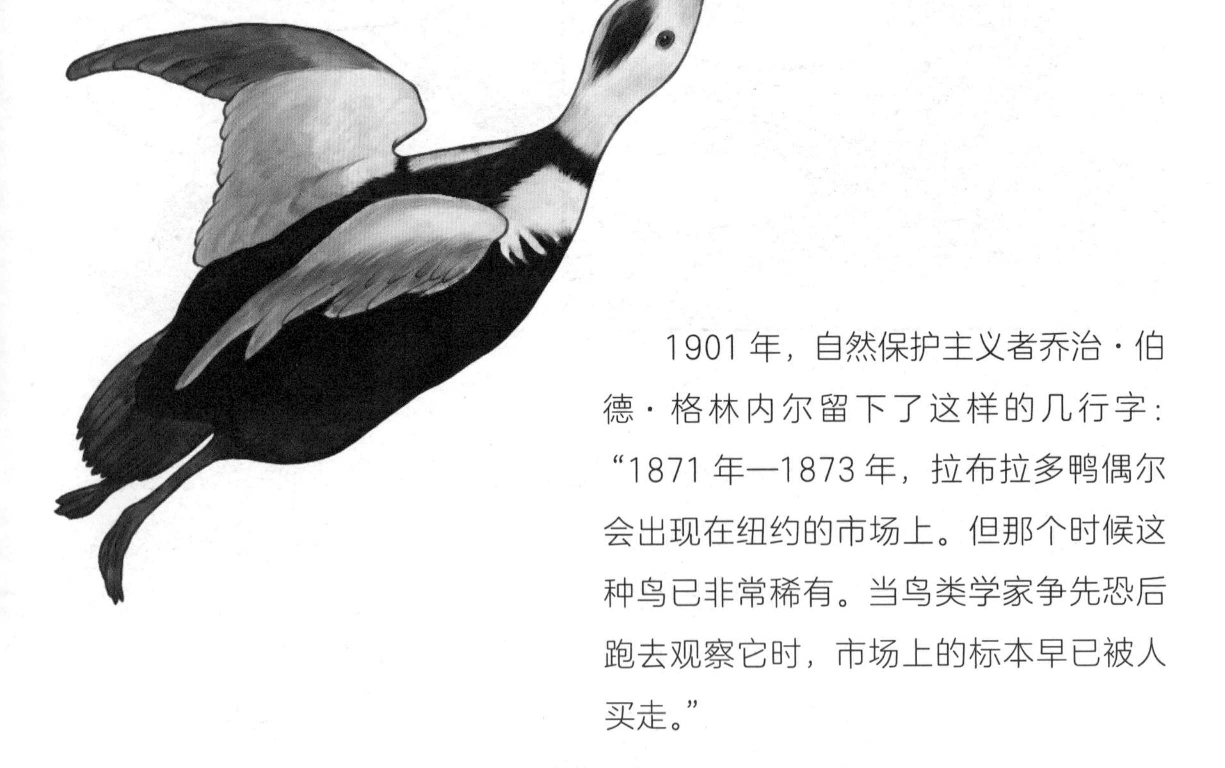

1901年，自然保护主义者乔治·伯德·格林内尔留下了这样的几行字：“1871年—1873年，拉布拉多鸭偶尔会出现在纽约的市场上。但那个时候这种鸟已非常稀有。当鸟类学家争先恐后跑去观察它时，市场上的标本早已被人买走。”

拉布拉多鸭被人誉为北美洲最神秘的鸟类，直至灭绝，人类对它的鸣叫、求偶、繁育等行为都一无所知。关于它灭绝的原因，有人认为是由于其嘴巴过于“特化”，无法适应气候的变迁；有人认为是人类破坏了海岸环境，导致其失去家园；还有人认为是人类的猎杀对原本就稀少的鸭群造成了毁灭性打击……

各种解释莫衷一是，人们至今不能对拉布拉多鸭的灭绝下一个定论。但我们知道，在欧洲人移居北美之后，短短几个世纪时间里拉布拉多鸭就走向了消亡，也许人类的到来正是压死这一物种的最后一根稻草。

拉布拉多鸭大数据

拉布拉多鸭**科学发现于1789年**，发现者是德国博物学家约翰·弗里德里希·格梅林。

拉布拉多鸭的拉丁文名是 *Camptorhynchus labradorius*。其中 *Camptorhynchus* 是**指它喙部边缘柔软的皮瓣**，*labradorius* 是**指它产自拉布拉多等地**。

拉布拉多鸭的英文名是Pied Duck，意思是“**杂色的鸭子**”。

拉布拉多鸭的近亲是北欧的两种鸭子——**黑凫和绒鸭**。

在首批欧洲移民抵达美洲之前，拉布拉多鸭的数量已经很稀少了。**人们对其习性知之甚少**。

拉布拉多鸭是一种海鸭，**主要生活在加拿大与美国东部的沿海地区**，偏爱砂质的海滩或海湾。除非恶劣天气影响，它们**极少进入内陆河流**。

拉布拉多鸭的**头部为椭圆形，眼睛圆润，嘴和头的长度相近**。身体短小，腿部结实而且位置靠近身体下后部，尾羽呈短圆形。

拉布拉多鸭具有典型的“**性二型**”特征，雄鸟、雌鸟外观截然不同：雄鸟体型大，羽毛黑白相间；雌性体型小，羽毛以灰褐色为主，喉部和翅膀镜羽为白色。拉布拉多鸭会换羽，但换羽频率尚不清楚。

因为黑白两色的羽毛，拉布拉多鸭俗称**斑鸭、臭鼬鸭**。它们常在浅水中觅食，因而也俗称**沙浅鸭**。

拉布拉多鸭的主食是贝类、蜗牛、小鱼、海草等等。它们**进食时会吞下大量沙石**。

拉布拉多鸭的**喙“特化”显著**，喙的尖端扁平，边缘柔软，内部有50个耙子似的薄片，用来在淤泥、海沙中搜寻小型软体动物。

拉布拉多鸭的**肝脏很大**，鸟类学家认为，这样的肝脏可以支持它们长时间潜水。

人类没有记录下拉布拉多鸭的叫声，但从鸣管的结构上看，**叫声应和欧洲的绒鸭相似**。在飞行中，它们会鸣叫。

拉布拉多鸭**每年迁徙**，飞行速度很快。据说它们在北方的圣劳伦斯湾和拉布拉多海岸繁殖，在南方的切萨皮克湾过冬。

拉布拉多鸭**非常耐寒**。

拉布拉多鸭是**群居动物**，通常 7~10 只鸭子组成一个小群。

据说拉布拉多鸭**天性胆怯**，但对人类戒心不强，看起来有点蠢。

拉布拉多鸭的数量本就不多，1826 年，鸟类学家查尔斯·卢西安·波拿巴将其描述为“**一种非常稀有和美丽的物种**”。

1832 年，美国鸟类专家亚历山大·威尔逊指出：“在我们的海岸上，**拉布拉多鸭是一种稀有物种**，在淡水湖泊或河流中从未遇到过。”

1877 年，一名叫梅里亚姆的人形容拉布拉多鸭是“**非常稀有的冬季访客**”。

1833 年 1 月下旬，鸟类学家詹姆斯·奥杜邦的儿子在拉布拉多地区见到了拉布拉多鸭的巢穴。巢的体积非常大，外部由冷杉树枝搭成，内部垫着干草和羽毛。奥杜邦推测，**拉布拉多鸭的繁殖时间比其他大部分海鸭都要早**。

1840 年—1860 年，在北美巴尔的摩、费城和波士顿的家禽市场上，还时常能见到出售的拉布拉多鸭。

渔民们**窃取拉布拉多鸭的蛋**，加速了其种群数量的减少。

最后一件完整的拉布拉多鸭标本是于 1875 年在**美国纽约州长岛附近**射杀、采集的。猎人名字叫比尔。

人类最后一次见到拉布拉多鸭是在 1878 年的纽约州埃尔迈拉市。**拉布拉多鸭也灭绝于 1878 年**，灭绝原因尚不明确。

目前，北美和欧洲的博物馆中**保存着约 55 件拉布拉多鸭的标本**。据说，博物馆中现存有十枚拉布拉多鸭的蛋，但经过 DNA 鉴定，这些蛋都属于其他鸭子。

灭绝动物档案
旅鸽
分类
鸽形目、鸠鸽科
头尾长
约 40 厘米
翼展
约 45 厘米
体重
约 300 克
寿命
15 年以上
特征
身体呈流线型，尾羽修长
180cm
0cm

旅鸽

人类造成的最大规模物种灭绝事件

1831 年秋天，博物学家约翰·詹姆斯·奥杜邦独自前往美国东南部的路易斯维尔市。他沿着悠长的俄亥俄河堤岸骑马而行，淙淙的流水声萦绕在耳畔。还未走出几千米，忽然听见一阵闷雷般的隆隆声，转眼之间，数不清的黑影已如乌云般铺天盖地。奥杜邦激动地睁大了双眼，他知道那并非乌云，而是正在迁移的旅鸽军团。

作为美国东部的居民，奥杜邦对旅鸽早已司空见惯，但这次的鸽群数量之多是他前所未见的。他仿佛置身于洪流之中，鸽群像浩瀚的大河一眼看不到头尾，无数羽翼遮天蔽日，令正午的烈日也顿失光辉。“空气中满是鸽子。”奥杜邦在笔记中写道：“振翅的嗡嗡声让人头昏脑涨，鸽粪洒落一地犹如白雪。”

奥杜邦突然产生了一种强烈的愿望，他要数数一小时之内究竟有多少只旅鸽飞过。于是他爬上一处高地，每看到一只旅鸽就用铅笔记一个小点。在画了160 多个小点之后，他不得不放弃了最初的打算。因为旅鸽实在太多了，而且飞得极快，它们如黑色的闪电掠过，眨眼间已飞出他的视野。

目前，全世界现存的鸽子约有 310 种，分布在除南极以外的各个大洲。不论是森林、草原、田野、村庄，还是一些偏远荒凉的海岛，鸽子都凭借“善飞行、不挑食”的性情，在大自然中物竞天择，繁衍进化。

傍晚时分，奥杜邦在俄亥俄河岸边的驿站里吃晚餐，旅鸽军团还没完全过境。

从远处看去，鸽群在天空中划出一道绵长的线，前端已经飞出了人的视野之外，末尾却还看不到头。这个季节，田野里的庄稼已经收割完了，地上很难找到谷物和橡果，所以鸽群飞得很高，连射程较远的来复枪都不一定能打到它们。

突然，一只老鹰从天而降，伸出利爪冲向鸽群，平静无波的队列瞬间激起千层浪。密集的旅鸽像大海里被鲨鱼追捕的沙丁鱼一样，它们团结一心，敏捷地翻滚、旋转，忽而向下俯冲，以难以置信的速度掠过地面；忽而又向上爬升，疏散成一层薄烟。鸽子的叫声和振翅声如重重怒雷，能传出数千米远。

在一些食物充足的地方，如茂密的橡树林，鸽群也会减慢速度，盘旋落地。它们熟练地在落叶堆里翻找橡果和小虫，很快，食物被纷至沓来的旅鸽扫荡一空。它们吃饱喝足，在枝杈间享受悠闲的饭后时光。但只要一只旅鸽发出警报，刹那间鸽群就会腾空而起。当太阳渐渐西沉，晚霞涂满天际，它们又不约而同地起飞，去往百千米外寻找新的栖息地。

遥望着天边的鸽群，奥杜邦的眼中饱含钦佩。直至日落，源源不绝的旅鸽仍在飞渡，数量丝毫不见减少，此后连续三天一直如此。

小贴士

在古老的美索不达米亚，鸽子是神话中爱与战争女神的动物象征。在圣经故事创世纪中，诺亚派出的鸽子衔回了橄榄枝，表明大洪水已经退去。距今数百年间，人们饲养信鸽传递消息，训练赛鸽参与竞技，人与鸽子的关系历久弥新。

没过多久，旅鸽过境的消息一传十十传百，于是俄亥俄河两岸挤满了荷枪实弹的居民。大家知道，旅鸽经过水面时会飞得比较低，这时他们就瞄准鸽群，不断地扣动扳机。

震耳欲聋的枪声连绵不绝，硝烟呛得人喘不过气。鸽群实在过于稠密，一发散弹在空中炸开，数十只旅鸽纷纷落地。它们满肚子的橡果来不及消化，落在地上发出类似击打沙袋的声音。在此后的一个多星期里，数以万计的旅鸽被杀死，鸽子肉取代猪肉、牛肉、羊肉，占据了人们的餐桌。街头巷尾，茶前饭后，人们都在谈论关于旅鸽的话题。

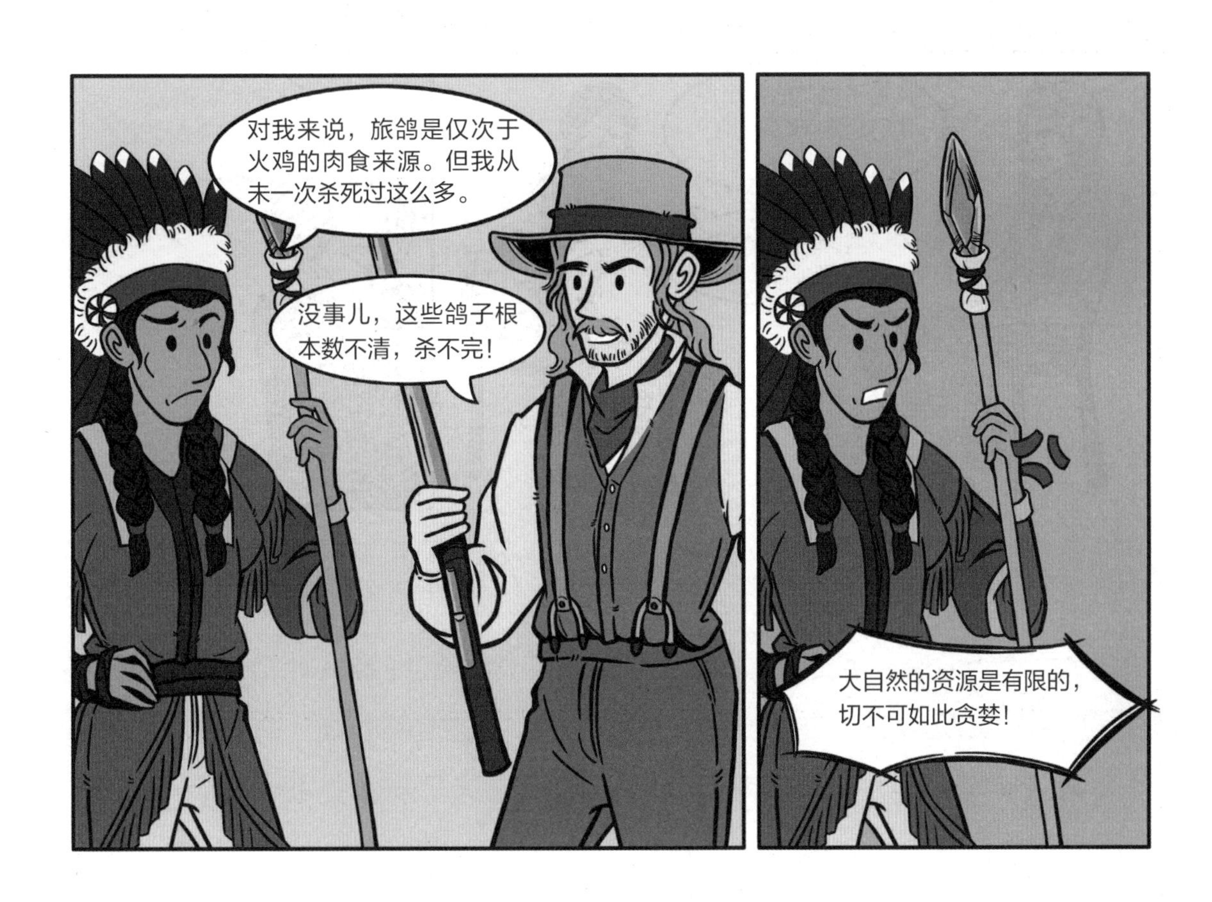

毫无疑问，俄亥俄河两岸的情况并非个例，它只是北美地区的缩影。凡是旅鸽所过之处，总有以逸待劳的猎人无情阻击。近代以来，善用火枪的西方人在旅鸽身上看到了“商机”，他们通过电报互通消息，争先恐后地捕杀鸽群。人类对旅鸽的捕杀越来越没有节制。

不久，詹姆斯·奥杜邦收到了旅鸽在肯塔基州出现的消息。鸽子落脚的森林位于绿河河畔，总面积超过 300 平方千米。旅鸽出现的两周后，奥杜邦兴致勃勃地赶赴当地，但令他愕然的是，血色的夕阳中，往日宁静美好的森林已变成活生生的地狱。

地面上十几厘米厚的鸟粪昭示着林中的鸽子曾经难以计数，但此时此刻，只有寥寥无几的旅鸽发出凄厉的悲鸣。与之相反的是，森林周围聚集了大量的猎人、马车、枪支和弹药。人们已在这里安营扎寨，静待下一个鸽群的来临。

奥杜邦四下环顾，心中百感交集。原本郁郁葱葱的森林仿佛被龙卷风扫过一样，半米粗的大树东倒西歪，粗壮的树枝大量折断。被枪杀、被棒击、被硫黄熏死的鸽子堆积如山，空气中弥漫着难闻的腥味。工人们正在到处捡拾死鸽子，还有两名农民赶着 300 多头猪，从百里之外匆匆赶来扫荡。

夕阳缓缓沉入地平线下，夜幕将人类的罪恶悄悄掩埋，一切似都归于死寂。短暂的平静过后，突然，不知是谁大喊一声："它们来了！"等在周围的人纷纷出动。"呯、呯、呯"新一轮的屠杀持续了整整一夜，旅鸽的尸体堆满了森林的地面。

19 世纪，旅鸽在北美各地被大肆捕杀。人们滥伐森林，使它们失去筑巢条件，盲目引入动物，更加剧了鸟类疫病流行。在短短一百年间，旅鸽的数量急剧减少。到了 20 世纪初，仅剩下为数不多的成员在鸟笼中苟延残喘。人类没能驯化旅鸽，所有人工繁殖的企图都失败了。

1914 年，一只叫“玛莎”的雌性旅鸽作为这种动物的最后一员，在辛辛那提动物园中孤独地死去。

时至今日，沉睡在博物馆中的旅鸽标本似在传唱其昔日的辉煌，更似在泣诉人类的贪婪。1600 年以来，已有 10 种鸽子从地球上消失了，其中有两个最著名的灭绝案例，即旅鸽和渡渡鸟。旅鸽的灭绝则如一记响亮的耳光，把人类从大自然"取之不尽用之不竭"的美梦中打醒了。

旅鸽大数据

旅鸽**科学发现于1766年**，发现者是瑞典博物学家卡尔·林奈。

旅鸽的拉丁文名字是*Ectopistes migratorius*，意思是“**漫游和迁徙者**”。

旅鸽曾经是全世界**数量最多、聚群最大**的鸟。15世纪前欧洲人发现美洲大陆时，旅鸽的数量约有30亿到50亿只，单这一个物种的数量就占到美国鸟类总数的近40%。

在过去的2万年间，旅鸽的数量一直稳定在数**十亿只**的水平。家族鼎盛时，它们如果首尾相连排成一列，**长度能绕地球20多圈**。

据记载，1866年在美国安大略南部，一群飞过的旅鸽阵长500千米、宽1.5千米，**数量不低于2亿只**。

上亿只旅鸽一起飞行，彼此的间距极小。它们的翅膀**遮天蔽日**，飞羽相互擦碰，产生的巨响在几十米外都能听到。

旅鸽的**胸骨**比其他鸽子**更大、更结实**。它胸部的“龙骨突”深达2.5厘米，上面附着有强壮的肌肉，能适应频繁的长途飞行。旅鸽**1秒钟能飞行27米**，1小时能飞100千米。

旅鸽**飞行的高度变化很大**，低至1米，高至400米。当地面空旷荒芜，它们就飞得较高；当地面有食物或水源，它们就飞得较低。

旅鸽长途飞行后需要落脚休息，它们的**栖息地大小不一**。小则不足0.1平方千米，大则可达数千平方千米。有些栖息地会在此后几年中重复使用，有些却只使用一次。有记录以来旅鸽最大的栖息地位于美国的威斯康星州，面积约2200平方千米。

旅鸽**主要吃橡果**，也吃浆果和虫类。它们不停地飞跃各地，巡游觅食。

旅鸽暂存食物的**嗉囊**中能容纳 17 个橡果或者 28 个山核桃。它们的肠胃强健，**12 小时就能将橡果完全消化**。

一只旅鸽**每天要吃约 100 克的食物**。30 亿只旅鸽每天要吃掉 30 万吨食物。

旅鸽的**天敌很多**，比如狼、狐狸、水貂、美洲黑熊、美洲狮、鹰等。

据记载，曾经一个射击俱乐部一周就射杀了 5 万只旅鸽，有人一天便射杀了 500 只。一名猎人在旅鸽栖息地布下大网，一天抓捕了 6000 只旅鸽。**美国多个州的年捕杀数量均超过百万只**。

人们**过度捕杀**旅鸽，市场供大于求，致使鸽肉价格十分低廉。1805 年，1 只鸽子只卖到 1 美分；1830 年，1 只鸽子卖 4 美分。18 至 19 世纪，美国的穷人除了鸽肉几乎买不起其他肉食。

旅鸽**灭绝于 1914 年**。人类利用旅鸽群居习性大肆捕杀，加之北美东部森林被迅速砍伐，最终导致旅鸽灭绝。

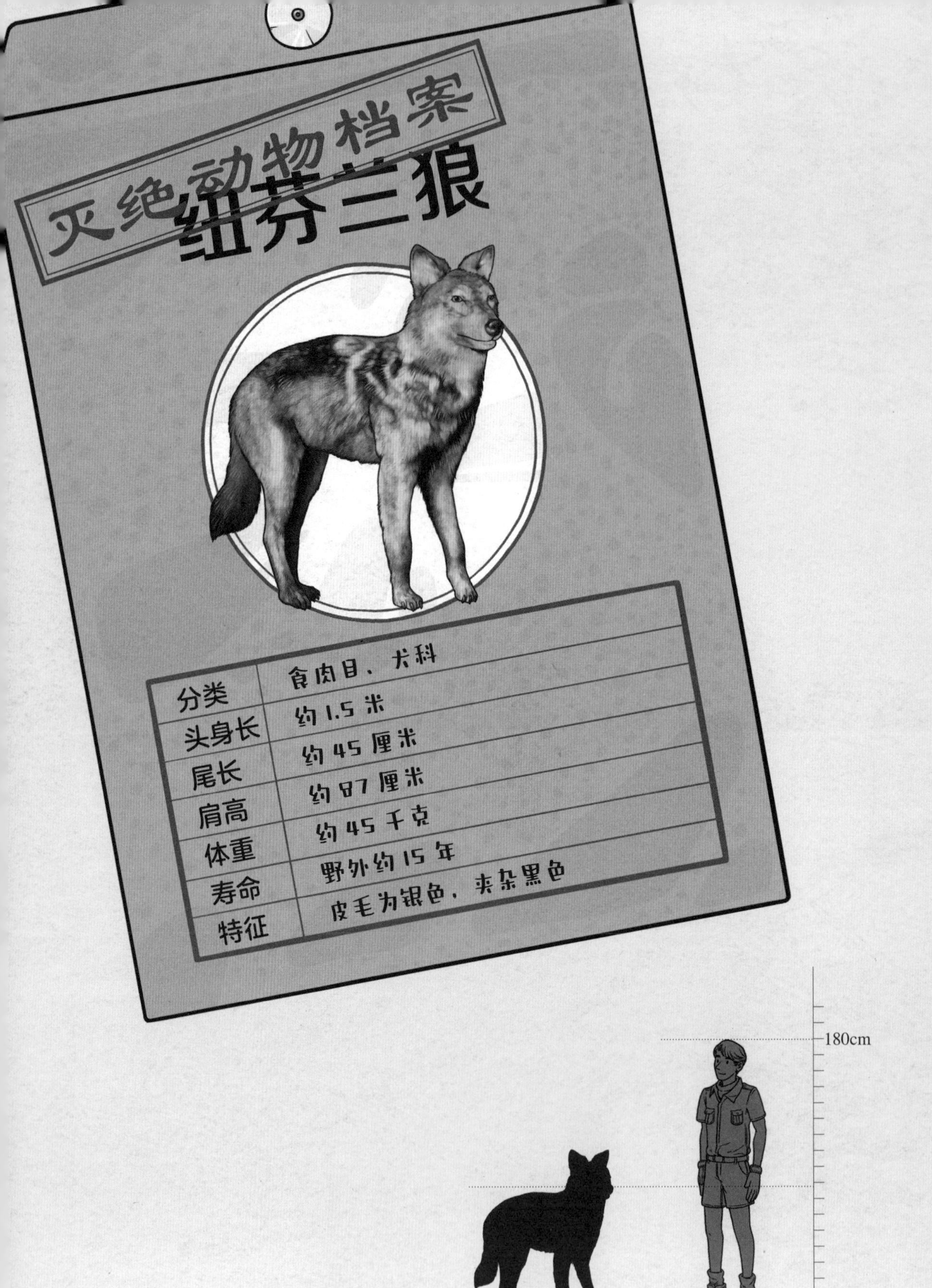
灭绝动物档案
纽芬兰狼
分类
食肉目、犬科
头身长
约 1.5 米
尾长
约 45 厘米
肩高
约 87 厘米
体重
约 45 千克
寿命
野外约 15 年
特征
皮毛为银色，夹杂黑色
180cm
0cm

纽芬兰狼
爱吃驯鹿的“银狼”

2016 年初冬的一个早晨，凯文 · 斯托布里奇开着皮卡汽车，行驶在林间小路上。在他居住的纽芬兰岛，这个季节是狩猎期。自从退休以后，凯文就把狩猎当做业余爱好，走运时，他的陷阱能套住狐狸。

冬季的森林，萦绕着乳白色的雾霭，高大的松树与白桦树交杂耸立。凯文很快找到了陷阱所在，但今天落入陷阱的动物令他目瞪口呆。那不是赤狐，看起来是一只大灰狼。凯文愣了半天，拍着脑门连声惊叹，他知道，纽芬兰岛唯一原产的灰狼——纽芬兰狼，早在 20 世纪 30 年代已经灭绝了！

纽芬兰岛是北美大陆东部的一个岛，外观似三角形，面积约为10.9万平方千米，相当于3个台湾岛的总和。纽芬兰岛隶属于加拿大，是加拿大的第四大岛。岛上为副极地气候，终年气温较低。

凯文以最快的速度将死狼绑在车上带回小镇，交给鉴定机构进行基因对比。遗憾的是，这只狼并非纽芬兰狼，而是它在北美大陆上的“亲戚”拉布拉多狼。至于这只狼是如何来到岛上的，人们众说纷纭。

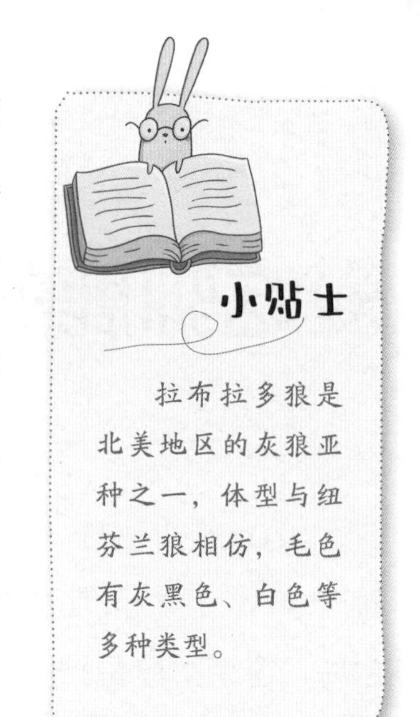

拉布拉多狼是北美地区的灰狼亚种之一，体型与纽芬兰狼相仿，毛色有灰黑色、白色等多种类型。

这次“乌龙”事件引起了广泛关注，纽芬兰岛的许多居民渴望狼的回归。如今人们知道，狼对生态系统贡献很大。但在一百多年前，岛上居民对于狼的态度却是截然不同的。这从当年的真人真事中，就可以看出一二。

时间回溯到 1842 年 3 月 18 日，三个风尘仆仆的男人一齐走进了纽芬兰岛东部的政务所。他们找到负责人品森特先生，然后小心地从背包里取出一张银白色的狼皮。品森特点点头，明白了这些人的来意。

自从数百年前，欧洲人在纽芬兰岛定居，这里的狼就一直令人担惊受怕。到了 19 世纪，岛上的牛、羊等牲畜越养越多，而且时常遭到野兽袭击，当地政府就在几年前颁布了一项《猎狼法案》，规定凡杀死一只纽芬兰狼，可得 5 英镑赏金。这三个男人就是为此而来。

品森特请猎人们先坐下，他好奇地发现狼皮上有密密麻麻的弹孔，而且左前腿是缺失的。一问之下，猎人们毫不吝啬，开始讲述他们的猎狼经历。

这只三条腿的雄狼极好辨认。去年春天，它在纽芬兰岛东部的圣约翰地区落入陷阱，失去了一条前腿。侥幸捡回一条命以后，它游荡到了附近的海湾，并在那里大开杀戒，吃掉了许多牛羊。今年年初，它又跑到高立镇，祸害了不少镇上的奶牛、绵羊、家鸡。

其实，凭这只狼身负重伤，仅有三条腿的状态，很难相信这么多家畜都是它杀死的。但有人指证在当地见过它，家畜的死就全算在了它头上。

三天前，三名猎人开始联手追杀这只狼。他们在雪地上足足追踪了11千米，一直追寻到特克镇，总算和这只狼狭路相逢了。那时候，这只狼正缩在一户人家旁边的小灌丛里，它的眼睛专注地盯着一旁的羊圈，好像在等绵羊蹦出来，它好捡现成的。

三名猎人没敢轻举妄动，但风中的一丝气味暴露了他们的行踪。狼忽然注意到了他们，起身猛蹿出来，飞快地逃跑。它只有三条腿，跑的时候有点瘸，但速度不慢。就在狼蹿出灌木丛的一刹那，其中一名猎人当机立断扣动了扳机。狼应声栽倒在雪地上，但它马上又爬起来，继续跑。这时候，另一名猎人又开枪打断了狼的后腿，可它依旧挣扎着，拖着残破的身体在雪地上匍匐逃命。猎人们围上去，在距离狼不足十米的地方开抢，终于将这只狼打死了。

这个时代，纽芬兰岛盛传狼吃人、狼伤人的故事，但猎人们所见的这只狼，直到生命的最后一刻也没试图咬人，只想从人类手中逃走。霰（xiàn）弹枪在它身上留下了 56 个弹孔。但从始至终，这只狼没有发出一声哀号、咆哮和呻吟，哪怕在中弹的瞬间也是如此。

三个男人讲完故事，领了赏金，心满意足地离开了。5 英镑赏金在当年不算小数目，对穷人来说，猎狼是个来钱很快的活儿。不过，纽芬兰岛面积不大，可供狩猎的狼又有多少？以纽芬兰狼的主要猎物——驯鹿的数量来推测，当时狼的总数不超过 800 只。

捕杀纽芬兰狼的最后一笔赏金支付于 1896 年，《猎狼法案》执行至此，每年约有三四只狼因此被捕杀，总计杀狼约 200 只。不过，悬赏捕杀并没有导致纽芬兰狼的灭绝，到了 20 世纪初，它真正的浩劫来了。

1915 年到 1925 年间，纽芬兰岛上的驯鹿从 12 万只锐减到 6000 只。驯鹿的减少看似突然，实际早在几十年前，甚至数百年前就埋下了隐患。原始森林的砍伐，牲畜的食物竞争，野狗的泛滥，以及欧洲人和印第安人的捕杀，种种因素都导致了驯鹿锐减。而作为食物链中的一员，驯鹿的减少，使纽芬兰狼陷入了大饥荒。

20世纪前期，探险家威廉·肯尼迪记录了一个现象：作为驯鹿天敌的狼虽然减少了，但岛上的野狗泛滥。一个农户为了报牲畜被杀的仇，在很短时间内就杀掉了92只野狗。野狗也威胁着驯鹿的生存。

虽然逃过了悬赏杀狼的法律，却逃不过食物匮乏的危机，纽芬兰狼纷纷在饥饿中死去，1925年以后，岛上几乎已没有狼幸存了。如今的纽芬兰岛上，再见不到在树林中穿梭的狼群，听不到皓月下悠远的狼嚎，纽芬兰狼已被淹没在历史的尘埃中，成了供人缅怀的记忆。

纽芬兰狼大数据

纽芬兰狼**科学发现于1937年**，发现者是美国动物学家格洛弗·艾伦和托马斯·巴伯。

纽芬兰狼的拉丁学名是*Canis lupus beothucus*，大意是“**贝奥图克的狼**”，贝奥图克是纽芬兰岛印第安部落的名字，该部落现已消亡。

纽芬兰狼是**灰狼的亚种之一**，仅产于纽芬兰岛，鉴别特征是牙齿微向内弯，形状独特。

纽芬兰狼在**最后一次冰期以前就已经生活在纽芬兰岛上**，在岛上各处都曾广泛分布。

纽芬兰狼**曾是纽芬兰岛上第二大的食肉动物**，体型最大的捕食者是美洲黑熊。

纽芬兰狼主要生活在**亚寒带森林和苔原地带**。

人们对于纽芬兰狼知之甚少，大多数信息是从1947年、1979年莱斯利·塔克博士的两篇文章中获得的。

关于纽芬兰岛上有狼的**最早书面记录**，是**1578年**安东尼奥·帕克赫斯特留下的。

纽芬兰狼的下颌约23厘米长，有24颗牙齿，咬肌发达。**随着年龄增长，牙会磨损脱落**。

纽芬兰狼**每天大约要吃4千克肉**。它爱吃驯鹿，也吃海狸和田鼠等小动物，野生动物不足时，可能会袭击家畜。

纽芬兰狼的前足有5个脚趾，后足有4个脚趾，它的**脚爪和成年男人的手掌差不多大**。

纽芬兰狼**喜欢嚎叫**，叫声在空旷地带能传出约20千米远。

纽芬兰狼**嗅觉敏锐**，它以此寻找猎物，分辨同伴，躲避敌人。它们的身上有气味腺，会发出与众不同的味道，用于标记领地。

纽芬兰狼的**听觉非常好**，能听到10千米以外的声音。

纽芬兰狼的**奔跑速度很快**，冲刺时能达到每小时60千米，相当于每秒前进约16米。

纽芬兰狼**通常群居生活**，它们会照顾受伤或生病的同伴，会为年老的成员送食物。

纽芬兰狼的**孕期约63天**，一窝能生5～9只幼崽，初生幼崽体重约0.5千克。

千百年来，纽芬兰狼**与纽芬兰岛上的印第安人相安无事**。

猎狼曾是欧洲上流社会的一项娱乐活动，狼皮常被制成地毯。

从没有过人类被纽芬兰狼杀死的真实案例。

纽芬兰狼**唯一完整的狼皮标本**收集于1894年，现**藏于纽芬兰博物馆**。

纽芬兰狼**灭绝于20世纪30年代**。

分类	啮齿目、仓鼠科
头身长	13厘米
尾长	12厘米
后足长	3厘米
耳朵长	1.3厘米
特征	皮毛为暗红色，尾巴和身体长度相近

牙买加稻鼠

人类盲目引种的受害者

19 世纪，牙买加岛是中美洲的糖料出口地之一。经过欧洲人的长期改造，岛上茂密的原始森林、开阔的平原已改建成甘蔗、香蕉、柑橘种植园。络绎不绝的商船将糖料贩到英、美等国。

一天，一艘货轮缓缓向牙买加岛靠近。随着轮船一起到来的还有一群“偷渡客”——褐家鼠。它们很适应这里温暖湿润的气候，又在种植园里找到了免费大餐，没过多久，这些外来物种就在新天地里繁盛起来。这可给本地“原住民”牙买加稻鼠的命运蒙上了一层阴霾。

小贴士

褐家鼠全年都能繁殖。雌鼠的孕期只有21天，一胎最多能生14只小鼠。小鼠出生，35天就能发育成熟继续繁殖。理想状态下，一年之内，褐家鼠可以从2只增长到15000只。它们的寿命约为3年。

长期以来，牙买加稻鼠与牙买加岛上的动植物相依为命，历经了无数个世代，已经形成一套和谐共生的生态系统。

牙买加稻鼠是一种“水老鼠”，有半水生的习性。它的体型比家鼠稍小一点，毛色偏红。在美洲印第安人的记录中，牙买加岛上没有肉食性的陆生哺乳动物，但这种稻鼠的数量十分稳定，它们的繁殖速度可能比较慢。

小贴士

除了南极之外，所有大陆都有鼠类的分布。老鼠的种类在脊椎动物中是最多的，在“啮齿目”的名下有2200多种。鲜为人知的是，老鼠王国中也有灭绝的物种，但许多情形是一种鼠灭了另一种鼠。

褐家鼠的到来打破了牙买加岛的生态平衡，它们的繁殖速度远远超过了牙买加稻鼠，加之岛上没有任何肉食性的陆生哺乳动物，它们的泛滥已势不可挡。

为了控制不断增长的鼠群，人们又向岛内引进了一些外来物种。1762 年，一名叫做托马斯·莱芙的人从古巴带来了一种凶猛的大蚂蚁。这种蚂蚁能够杀死幼鼠，但杀伤数量非常有限。1844 年，安东尼·戴维斯从巴巴多斯引进了海蟾蜍。这种大蟾蜍既吃蚂蚁也吃幼鼠，但对二者起不到控制作用。

小贴士

牙买加岛上有8种当地特有的蛇，它们都是鼠类的天敌。但由于蛇的消化周期很长，对鼠害的控制作用不明显。

牙买加岛的外来物种问题不断恶化。1870 年，岛内的鼠群数量已达数百万，五分之一的糖料作物被鼠类吞噬。有的种植园主开始悬赏捕鼠，在杀灭褐家鼠的同时，本土物种牙买加稻鼠也无辜“躺枪”。

小贴士

鼠类的门牙终生生长，即使肚子不饿，也要时常啃咬硬物将牙磨短。牙买加岛上的糖料作物甘蔗不仅坚硬而且含糖量高，容易被鼠类破坏。

就在大家翘首以盼灭鼠之法时，糖料种植园主艾斯佩特提出了一条“妙计”。1872 年，艾斯佩特从印度运来了 9 只红颊獴，他将这些獴放进自己的种植园中，试着用獴灭鼠。

红颊獴是东南亚、南亚地区一种分布很广的杂食动物。它长得有点像黄鼠狼，身长大约 30 厘米，有一条长约 25 厘米的大尾巴。它不仅吃鼠类，也吃鸟类、昆虫、水果，甚至是毒蛇。

小贴士

红颊獴是鼠类的天敌。它身体瘦长，腿很短，行动迅速，凭借超快的速度能杀死毒蛇。红颊獴的适应能力也很强，而且繁殖速度很快，雌性一年能生两窝幼崽，一窝至少 2 只。

短短 6 个月之后，艾斯佩特种植园的鼠患损失减少了一半。不到 3 年，邻近种植园的鼠患问题也减轻了。红颊獴明显控制了老鼠的数量。艾斯佩特对

自己的灭鼠之法非常自豪，其他的种植园主争相效仿，红颊獴快速在岛上扩散。

有报道声称，在牙买加岛上，红颊獴灭鼠所减少的经济损失每年高达 15 万英镑。“以獴治鼠”的计策被贴上“完美”的标签。但事实真的是如此吗？

红颊獴被引入牙买加岛不到 10 年，“原住民”牙买加稻鼠消失了。而“偷渡客”褐家鼠并不如预期那样减少了很多。红颊獴主要在白天活动，而鼠类在夜间活动频繁，二者的时间差导致漏网之“鼠”难以剿灭。同时，一个更加可怕的问题正在暗暗发酵——红颊獴很适应岛上的气候，又享用着丰盛的鼠类大餐，它们的数量也开始激增。

猎手数量不断增加，而猎物的数量却在下降。原本唾手可得的鼠类不再充裕，红颊獴的食谱发生了变化。它们开始袭击家畜，杀死家鸡、小猪和小羊，它们开始啃食农作物，比如香蕉、菠萝甚至椰子。

红颊獴对牙买加稻鼠等本土的物种大开杀戒，将许多鸟类逼到灭绝的边缘，将有经济价值的无毒蛇当做食物，还对淡水龟类和海龟的蛋大快朵颐。

由于许多食虫鸟被吃掉，害虫开始泛滥，有的啃食农作物，有的则叮咬人畜，传播疾病，造成了严重的社会问题。红颊獴本身也是多种寄生虫和狂犬病毒的携带者。

正当人们一筹莫展的时候，大自然的威力再度显现出来。随着鼠类的减少和一些本土物种的灭绝，红颊獴的食物来源不足，种群数量下降。牙买加岛上的生态系统暂时达到了平衡。

19 世纪的一百年中，牙买加岛上几经浩劫，牙买加稻鼠这一独特的物种从此消失。回顾往昔，家鼠、蚂蚁、蟾蜍、红颊獴这些外来物种都对稻鼠的生存造成了威胁，但归根结底，是人类的盲目引种造成了一次又一次的生态悲剧。

1877 年人类捉到最后一只活的牙买加稻鼠之后，这种原产于牙买加岛的独特鼠类灭绝了。它走得太过匆忙，不曾留下一具完整的剥制标本，甚至连一副像样的素描也没有。

牙买加稻鼠大数据

牙买加稻鼠**科学发现于1898年**，发现者是英国动物学家菲尔德·托马斯。这个物种灭绝多年之后，才被科学家正式描述。

牙买加稻鼠的拉丁文名字是*Oryzomys antillarum*，意思为“**安的列斯群岛的稻鼠**”。

牙买加稻鼠的英文名是Jamaican Rice Rat，翻译成中文是“**牙买加的米老鼠**”。

牙买加稻鼠约**产生于更新世晚期**。在牙买加岛的史前岩洞壁画中能找到它的形象。

据美洲印第安人记录，**欧洲人抵达当地之前**，牙买加稻鼠在地表和地下的**数量都很稳定**。

全世界**现存的稻鼠不足10种**，都生活在加勒比海周边地区。牙买加稻鼠仅生活在中美洲的牙买加岛。它可能是在上一个冰河期，海平面较低的时候，由美洲大陆扩散到海岛上的。

在啮齿动物中，牙买加稻鼠**体型中等**。它的头部毛发稀疏，与身体长度相近，臀部丰满。

牙买加稻鼠的**皮毛为暗红色，头部为灰黑色，腹部为暗黄色，手脚颜色发白。**

牙买加稻鼠是**半水生的啮齿动物**，与它习性类似的动物还有河狸、水豚、麝鼠等。

作为啮齿动物，牙买加稻鼠的**门齿会终生生长**。

牙买加稻鼠的**食谱没有确切记载**。不过，与它有亲缘的其他稻鼠是杂食动物。

在欧洲人抵达牙买加岛之前，**蛇和猫头鹰是**牙买加稻鼠为数不多的**天敌**。

1877年，美国历史学家**艾略特·库斯**曾对美国国家博物馆中的牙买加稻鼠标本**进行了测量**，留下了重要的科学数据。

牙买加稻鼠**灭绝于1887年**。人类带到当地的褐家鼠、红颊獴等外来物种破坏了生态平衡，导致其灭绝。

分类	有袋目、袋狼科
头身长	约1米
尾长	约60厘米
肩高	35～60厘米
体重	20～30千克
寿命	6～10年
特征	背部有13～19条深棕色条纹

袋狼

比窦娥还冤的背锅侠

1.7 亿年前，地球板块漂移，澳大利亚大陆与其他大陆逐渐分离，原始的有袋类动物被滞留在这片封闭而广阔的土地上，开始了漫长的独立进化。

一亿多年后，这片神秘的南方大陆，令无数欧洲人魂牵梦萦，许多探险家为揭开它的面纱踏上了艰苦卓绝的冒险之旅。

1642 年 8 月，荷兰探险家亚伯·塔斯曼率领船队驶出了印尼雅加达港，远赴浩瀚的南印度洋，去寻找未知的南方新大陆。漫长的航行历时两年，航程超过 2 万千米。可惜的是，船队围着澳大利亚大陆兜了个圈，恰好错过了中央的陆地。

小贴士

有袋类动物并不是澳大利亚的专利，南美洲的“负鼠”也是有袋类的成员。负鼠是先于袋鼠，最早被人类认识和描述的有袋类动物。

小贴士

亚伯·塔斯曼，17 世纪著名的荷兰探险家、航海家、商人。他在荷兰东印度公司的资助下，先后两次进行远航探险。第一次旅行（1642 年—1643 年）发现了毛里求斯、塔斯马尼亚、新西兰等众多岛屿。第二次旅行（1644 年）成功发现了澳大利亚大陆。

1642 年年底，塔斯曼的船队途径澳大利亚东南方，海面上远远浮现出一处绿意葱茏的岛屿。船员们大声欢呼起来。这座岛轮廓呈心形，面积约是中国海南岛的两倍。

船队停泊在岛湾中，水手们组队登岛搜索水源和食物。走进那片晦暗的、从未有人涉足的桉树森林，眼前陌生的植物和有袋类动物让所有人目瞪口呆。不久，又一个出人意料的消息传入塔斯曼耳中，岛上发现了类似老虎的野兽留下的足迹。如此偏远的海岛上竟有大型猛兽？仔细观察这些脚印，似乎又与老虎、灰狼的脚印不太相同。这种神秘野兽脚心的肉垫特别大，脚趾过于笔直而整齐。

塔斯曼还没来得及解开足迹之谜，便带着船队匆匆离开了这里。

这座新发现的海岛引起了欧洲人的极大兴趣，为纪念亚伯·塔斯曼，人们将这座岛称作塔斯马尼亚岛。

一百四十年后，一支法国探险队续写这段传奇，人们再次登岛，竟然也发现岛上有“虎猫”出没。这种神秘的动物显然是这片海岛的霸主，不论在北部平原，还是在中西部山区，每逢夜月高悬，荒野中就能听到它们沙哑短促的吠叫声。

这种动物被称为袋狼，但它显然不是狼，且不说那标志性的育儿袋，这种动物行走时爱用后脚跟着地，而不是像狼一样用脚爪着地，这使它显得步态僵硬，奔跑速度非常慢，只能靠敏锐的嗅觉追踪、伏击猎物。遇到障碍物时，它会像袋鼠一样抬起前肢用后腿跳跃，以尾巴保持平衡。

小贴士

袋狼是一个典型的趋同进化的例子。它与犬科动物的外观相似，填补了澳大利亚地区犬科动物生态地位。尽管如此，它与犬、狼、狐狸等北半球的胎盘类哺乳动物亲缘关系极远。

袋狼的身影曾经遍布澳大利亚大陆。据说，早在 6 万年前，早期土著人和家犬渡过海峡，抵达了与世隔绝的澳大利亚大陆。这些外来者横扫了当地的有袋类动物，使它们从繁盛走向衰退。只有在塔斯马尼亚岛，这个与大陆隔海相望，人与犬尚未光顾的岛屿上，还有一些袋狼幸免于难。

澳大利亚大陆西部及北部的土著人岩画中，曾出现过袋狼的形象。这些岩画证明了袋狼也曾分布在澳大利亚大陆。

19 世纪 20 年代，塔斯马尼亚岛的居民已有 1.3 万人，饲养的绵羊多达 20 万头。为了扩建牧场，原始的桉树林、草原、灌丛被开垦，人们开始与神秘的猛兽正面交锋。

一些博物学家将袋狼描述为愚蠢呆滞的动物，因为它很容易落入陷阱，还不会激烈反抗。但当地的居民和牧场主依旧惧怕袋狼，因为它比训练已久的猎犬还凶猛强壮。

独居的袋狼面对成群的猎犬毫无惧色。在澳大利亚学者罗纳德·冈恩的调查报告中是这样描述的：“即使有一群猎狗，也会在一只老年雄性袋狼面前却步。猎手麦凯曾说过，一次，他用斗牛犬追踪到了一只袋狼，当把袋狼赶到一块岩壁前时，袋狼背靠岩壁，左右晃动着大脑袋，和猎犬频频顶撞，针锋相对。”

小贴士

袋狼是食肉动物，它的胃部具有扩张的能力，能一次吃下大量的食物。如此，袋狼就能熬过未来可能发生的食物匮乏岁月。

若非被逼到生死关头，袋狼从不主动攻击人类。可是，岛上居民对袋狼的憎恶仍不断加深。夜色凝重，羊群和鸡舍里突然传出垂死挣扎的哀鸣。满地的家畜尸体和狰狞的血迹刺痛了每个在场者的眼睛。这是谁做的？除了袋狼还能有谁呢！虽然多年之后，我们通过研究得知，袋狼的骨骼和肌肉适合捕杀 30 厘米以下的小动物，几乎无法捕捉绵羊，但当时的人们固执地认定了凶手，岛内关于袋狼杀死家畜的报道甚嚣尘上。

小贴士

袋狼的前肢关节像猫科动物，它捕猎时擅长伏击，而不是长距离追捕。袋狼常在夜间、晨昏独自觅食，专门捕猎体型较小的猎物，而不是像狼群一样捕杀大型猎物。

1830 年，岛内的畜牧业公司悬赏捕杀袋狼。1888 年，塔斯马尼亚政府颁布官方悬赏令，每杀死 1 只袋狼可得 1 英镑。1888 年至 1909 年间，政府支付了 2184 笔赏金，未能兑换赏金的杀戮不计其数。19 世纪末 20 世纪初，随着袋狼名扬海外，各国动物园兴起了展示袋狼的热潮。英国、法国、美国、德国都曾经重金引进，全世界动物园中的袋狼一度达到数百只。这些背井离乡的袋狼终日郁郁寡欢，人工繁殖屡屡失败，致命的疾病却在悄然蔓延。

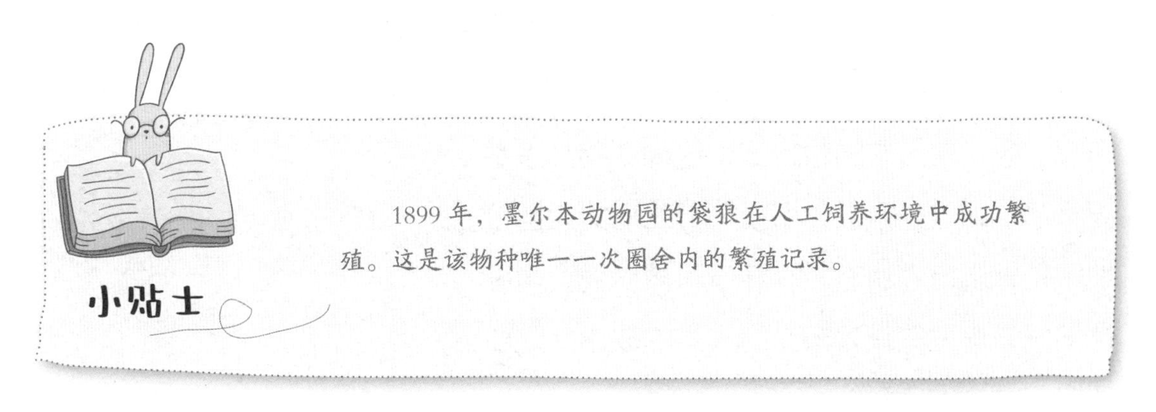

1899 年，墨尔本动物园的袋狼在人工饲养环境中成功繁殖。这是该物种唯一一次圈舍内的繁殖记录。

野生袋狼迅速减少，人们却对此相当乐观。正如罗纳德·冈恩在信中写道的那样：“我毫不怀疑，袋狼能繁殖得很好。它一窝能生四只小崽，至少我在雌性的育儿袋中看到过四只。它们住在西部山区的山顶上，那里森林茂密，我无法想象有什么能对它造成实质的伤害。”

约翰·古尔德，这位著名的澳大利亚博物学家也曾认为：“袋狼的破坏引起了定居者的憎恶，因此在所有的耕作区，这种动物几乎都灭绝了。而另一方面，塔斯马尼亚岛的大部分地区仍处于自然状态，森林没有被砍伐，隐蔽性很好，这里的袋狼未受到人类的攻击，还要很多年才会彻底灭绝。”

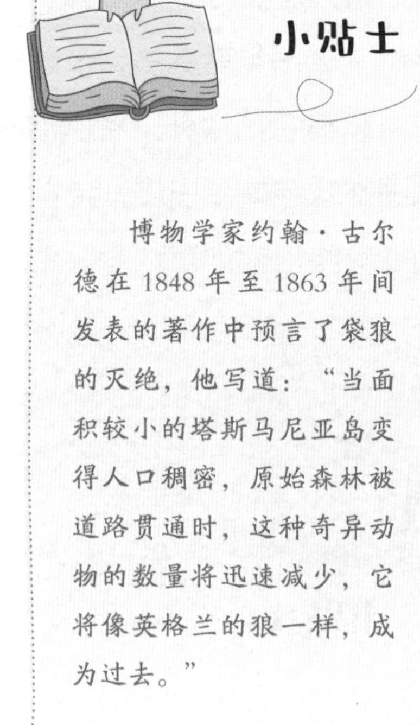

博物学家约翰·古尔德在1848年至1863年间发表的著作中预言了袋狼的灭绝，他写道：“当面积较小的塔斯马尼亚岛变得人口稠密，原始森林被道路贯通时，这种奇异动物的数量将迅速减少，它将像英格兰的狼一样，成为过去。”

过度乐观的预期，拖慢了动物保护的步伐。袋狼在灭绝边缘苦苦挣扎，却无人伸出援助之手。1926 年，伦敦动物园以 150 英镑的高价收购了一只袋狼，此后，再没找到新的引进渠道。1929 年，野生袋狼已所剩无几，政府决定仅在 12 月这个时期，袋狼的繁殖高峰期实施保护。1933 年，全世界最后一只袋狼在佛罗伦萨峡谷被活捉，卖给了霍巴特动物园。这只袋狼在牢笼中生活了 3 年。

1936 年 7 月，塔斯马尼亚终于颁布了官方袋狼保护令，但一切都太迟了。霍巴特动物园的最后一只袋狼于当年 9 月 7 日死去，距离保护令颁布仅过去了 59 天。

小贴士

为纪念袋狼，自 1996 年以来，澳大利亚将 9 月 7 日定为“国家受威胁物种日”。袋狼如今仍是塔斯马尼亚的官方象征。

袋狼大数据

袋狼**科学发现于1808年**，发现者是范迪门土地公司的测绘员乔治·哈里斯。

袋狼的拉丁文名字是*Thylacinus cynocephalus*，意思是“**狗头袋犬**”。

袋狼家族的历史长达**2300万年**，至少7种袋狼曾生活在地球上，最小的体型仅如家猫，最大的体型接近灰狼。但只有一种袋狼存活到近代。

大约4000年前，袋狼还分布在新几内亚、澳大利亚和塔斯马尼亚岛。尽管它们**分布广泛**，但**数量一直不多**。

澳大利亚大陆的史前壁画中描绘了袋狼的形象，**距今已有3100年历史**。

袋狼在欧洲人殖民澳大利亚大陆之前就已经灭绝，它是**塔斯马尼亚岛的特有物种**。

早期的欧洲探险家将它描述为“**袋鼠般的狼**”，也有人叫它斑马狼、塔斯马尼亚虎。

袋狼**善于跳跃**，能毫不费力地跳到2米高的笼子顶上。它通常四足奔跑。只用后脚站立时，它能向前小跳，用尾巴保持平衡，动作类似袋鼠。

从体型上看，**雄性袋狼比雌性大**，雄性体长约1.6米，雌性体长约1.5米。

从头骨上看，袋狼像灰狼，**更像狐狸**。

袋狼的皮毛为**灰色和黄色相间**，下腹部为浅棕色，毛长约为1.5厘米。它的眼睛区域颜色发白。眼睛很大，乌黑发亮，嘴唇上有长长的黑色刚毛。

袋狼的条纹年轻时更明显，随着年龄增长逐渐变淡。

袋狼**有46颗牙齿**，其上颌和下颌之间能张开到难以置信的180°角。但它们的**咬合力很差**，甚至不能杀死体重5千克以上的动物。

袋狼在塔斯马尼亚岛上没有天敌，它曾是岛上最大的有袋类食肉动物。它**主要依靠视觉和听觉捕猎**。

袋狼是**夜行动物**，白天在洞穴等处休息，夜间独自捕食或以家庭为单位集体行动。它能追踪猎物，也擅长伏击。

除了茂密的热带雨林，袋狼**能适应大多数环境**，通常生活在开阔的桉树森林中。它们需要40~80平方千米的家域。

袋狼**不爱吠叫**，但狩猎时会发出狗一样的叫声，兴奋时会发出沙哑的吼声。

袋狼的**猎物**包括各种**小型袋鼠、袋狸、袋熊、针鼹**等。

袋狼是仅有的两种**雌雄都有育儿袋**的动物之一，另一种是水负鼠。

袋狼**全年都能繁殖**，繁殖高峰是冬季到春季。它一胎通常生3只幼崽，最多生4只。

刚出生的**袋狼幼崽没有毛**，它爬进母亲的育儿袋中，依附在乳头上喝奶。雌性袋狼有四个乳头。

袋狼幼崽会**在育儿袋中生活约3个月**，随后爬出育儿袋，跟随母亲学习捕猎。

被人类捕捉后，袋狼显得呆滞顺从，不会激烈挣扎，它们很**容易受到惊吓而死**。

因担心袋狼灭绝，塔斯马尼亚大学的生物学教授曾建议捕捉一些袋狼放到岛屿上饲养，但这个议案直到1929年才通过，**拯救袋狼为时已晚**。

据说，最后一只被人类圈养的袋狼名叫本杰明，它与母亲一起被捕后饲养在澳大利亚的霍巴特动物园里。它一直活到**12岁零7个月**，是人类已知的最长寿的袋狼。

袋狼**灭绝于1936年**。人类对袋狼悬赏捕杀、皮毛和标本贸易、犬瘟热等疫病以及家犬的生存竞争将袋狼逼上了绝路。

1999年开始，科学家多次**尝试“复活”袋狼**，它们从20世纪采集的标本中提取了遗传物质，但验证发现，标本中的DNA发生了降解，无法使用，项目最终宣告失败。

分类	有袋目、袋鼠科
头身长	约 50 厘米
尾长	约 33 厘米
体重	约 3 千克
特征	后腿强壮，尾巴很长

褐兔袋鼠
袋鼠家族的跳高能手

广袤的澳大利亚大地，如今栖息着约 60 种样貌迥异的袋鼠。体型健硕的红袋鼠是大型袋鼠代表，它双脚站立身高可达 1.8 米，而一些小型袋鼠仅有家猫或兔子那样大。

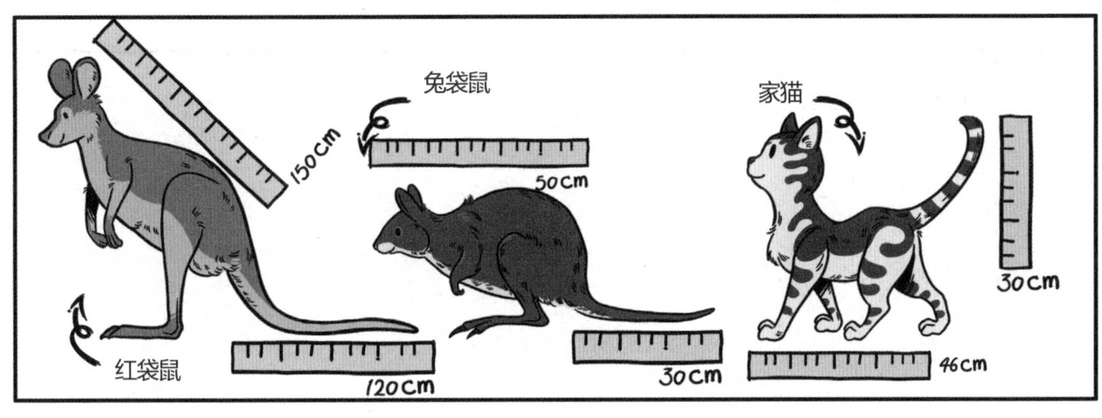

袋鼠修长的后腿犹如省力杠杆，肌腱中能储存许多能量。奔跑达到一定速度时，袋鼠所耗费的能量远远少于人类、猫狗和马。这种身体结构对于肚子上有育儿袋的雌性来说是很有必要的。

1842 年的一天，英国博物学家约翰·古尔德带着两条猎犬在南澳大利亚的大平原上狩猎。很快，他们锁定了一只身形酷似野兔的小动物。这种小动物正应了那句古语："静若处子，动若脱兔。"当猎犬靠近它到一定距离时，它突然察觉了危险，以惊人的爆发力和速度飞蹿出去。两条猎犬紧随其后，穷追不舍。

小贴士

约翰·古尔德，英国博物学家、鸟类学家、动物插画家。他一生留下了数千幅精准的动物绘画和大量考察笔记，许多澳大利亚的新物种由他科学发现并命名。他的著作《澳大利亚鸟类》《澳大利亚哺乳动物》备受世人称赞，至今仍是研究澳大利亚生物的重要资料。

这只小动物逃出了大概 400 米，突然间一个翻身向古尔德的方向冲回来。眼看它扬起尘烟不断逼近，古尔德站在原地纹丝不动。也许因为适应了夜间生活，小动物的视力似乎不太好，直到与人的距离缩短到 6 米以内，它才惊愕地发现了古尔德，急忙应变。古尔德也吃了一惊，他的头脑飞速运转，猜测这只小动物到底要从左侧还是右侧逃跑。但完全出乎他意料的是，在这危急关头，小动物没有转弯，而是加速跳起划出一道高高的抛物线，越过他的头顶落到地面。古尔德趁机举枪射击。嘭的一声巨响，在猎枪和猎犬的双重攻势下，小动物被杀死了。

约翰·古尔德将这种小动物命名为褐兔袋鼠，这次经历被他记录在《澳大利亚哺乳动物》一书中。褐兔袋鼠体长大约 50 厘米，体重约为 3 千克。褐兔袋鼠的跳跃高度接近 1.8 米，对于体型与野兔相仿的动物来说，这无疑是一项壮举。当它沐浴着夕阳安静地吃草，你很难想象这个褐色的小毛球竟然身怀跳高的绝技。

这一年，约翰·古尔德怀着对欧洲野兔的怀念之情，将一类体型、毛色，甚至走路姿势都酷似野兔的小袋鼠命名为“兔袋鼠”。若不是它们耳朵短，尾巴长，乍看之下几可乱真。

兔袋鼠家族曾经包含四个物种，分别是小兔袋鼠、褐兔袋鼠、眼镜兔袋鼠、蓬毛兔袋鼠。其中小兔袋鼠和褐兔袋鼠已经灭绝。

19 世中期以后，以约翰·古尔德为代表，许多标本采集人以及自然博物馆争相搜罗褐兔袋鼠的标本。由此引发的狩猎活动威胁着褐兔袋鼠的生存。人们很快发现，这种小动物虽然外表酷似野兔，但它对人类的戒心远不及野兔，繁殖速度也比较慢。同时，它也不像野兔一般挖洞生活，“狡兔三窟”。休息时，褐兔袋鼠会在灌木丛等隐蔽处铺搭一块“垫子”静静地坐在上面，如此草率的隐蔽方法很容易被猎犬发现。

被西方人发现并记录后不足 50 年，褐兔袋鼠的数量快速下降。有些学者认为，这一时期澳大利亚东南部的农场、牧场不断增多，烧荒活动破坏了大平原的天然环境，牛、羊等家畜践踏植被、啃食牧草，使褐兔袋鼠食不果腹，无立锥之地。同时，人类引入的家猫和赤狐缺乏天敌，过度繁殖，演变成褐兔袋鼠新的天敌，对其种群造成了危害。

1889 年，应澳大利亚博物馆的需求，一位名叫贝内特的标本采集人从澳大利亚的新南威尔士州收集了一只雌性褐兔袋鼠标本。这件标本转卖出手，获得了 5 先令的高昂报酬。“物以稀为贵”，标本的高价反映出此时褐兔袋鼠的濒危。谁能想到，这个冷冰冰的标价，竟是人类对这一物种的最后记录。从此，栖息在澳大利亚东南部的褐兔袋鼠再无踪迹。

褐兔袋鼠大数据

褐兔袋鼠**科学发现于1841年**，发现者是英国博物学家约翰·古尔德。

褐兔袋鼠的拉丁文名字是*Lagorchestes leporides*，意思是“**像野兔的袋鼠**”。

褐兔袋鼠是**澳大利亚的特有物种**，俗名是东部小袋鼠、东部野兔袋鼠。

早在1.6亿年前的侏罗纪时代，有袋类动物就和其他哺乳动物分了家。澳大利亚现存的袋鼠约有60种，**兔袋鼠家族都属于小型袋鼠**。

兔袋鼠曾经是澳大利亚**最常见的小型袋鼠之一**，足迹遍及澳大利亚大陆及其周边岛屿。

兔袋鼠家族已知最古老的化石距今已有**1.1万年**。

褐兔袋鼠的**皮毛颜色为黑色或棕黄色，腹部为灰白色**。它的耳朵较短，尾巴很长，脚趾为褐色，后脚有长而尖锐的黑指甲。

褐兔袋鼠**长得像兔子**，其实**是有袋类动物**，它的近亲是各种袋鼠、袋貂、袋獾等。

雌性和雄性褐兔袋鼠**几乎没有体型、体色的差别**。

褐兔袋鼠生活在**澳大利亚东南部开阔的内陆平原**，曾在墨累河与达令河冲积平原上常见。

褐兔袋鼠是**食草动物**，主要吃草、水果和其他植物。

褐兔袋鼠是**严格的夜行性动物**，白天在隐蔽处安静休息，一般独居生活。

褐兔袋鼠**奔跑速度很快**，**跳跃能力出色**，一次起跳能跳出**超过6米**的距离，**跃过超过1.8米的障碍物**。

褐兔袋鼠的**天敌很多**，包括澳大利亚野狗、楔尾鹰等本土动物，以及人类引入的野狗、狐狸、家猫等。

褐兔袋鼠**灭绝于1889年**，当时密集型农业还未推广，而赤狐等外来物种尚未繁殖泛滥，因而人们推测，它灭绝的原因可能是牛、羊等家畜践踏破坏植被与它争夺草场，草场烧荒，以及猫、狗等食肉动物对它的捕食。

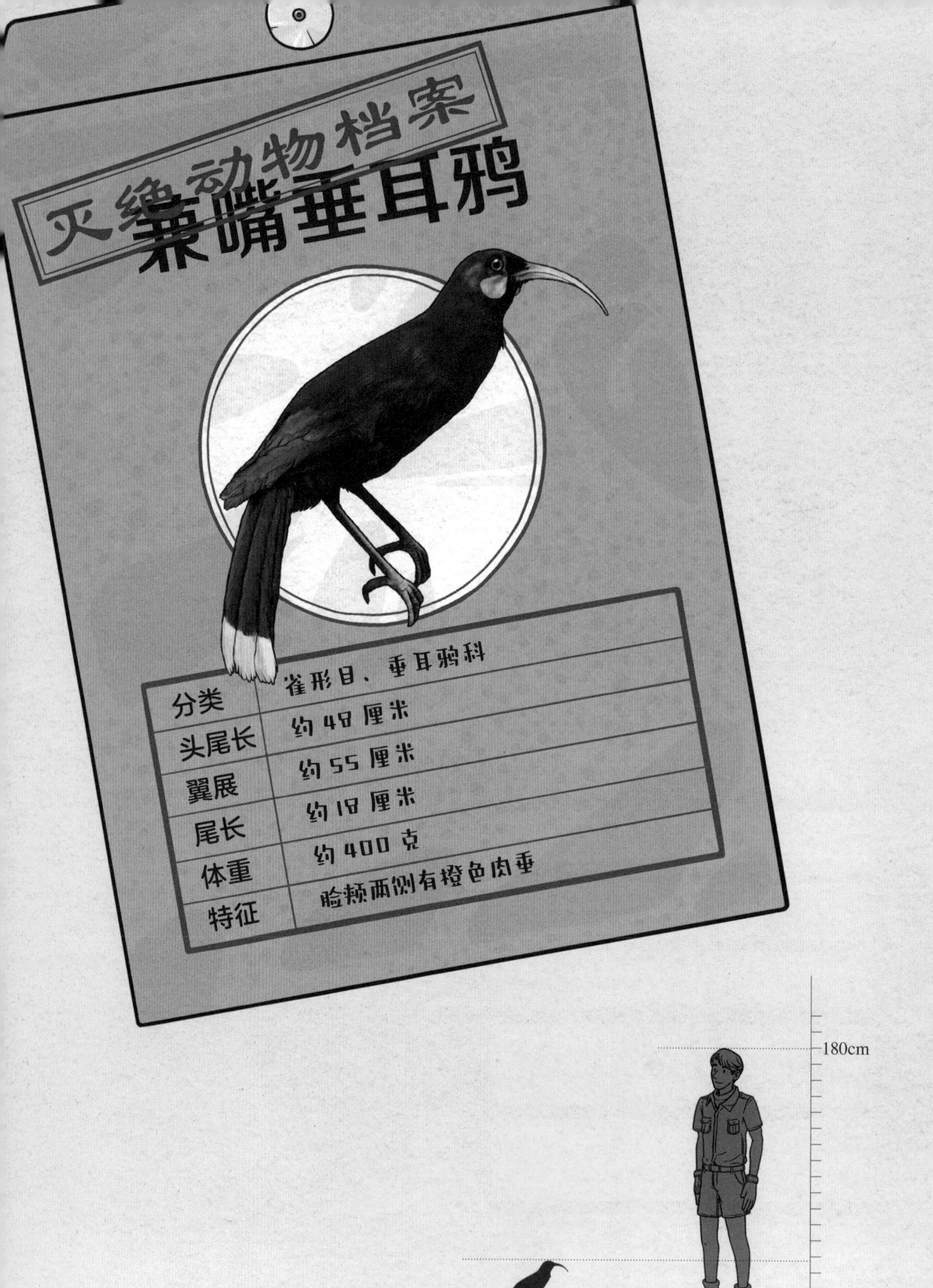

灭绝动物档案
嘴垂耳鸦
分类 雀形目、垂耳鸦科
头尾长 约48厘米
翼展 约55厘米
尾长 约18厘米
体重 约400克
特征 脸颊两侧有橙色肉垂
180cm
0cm

兼嘴垂耳鸦

雄鸟与雌鸟有不同形状的嘴

一旦被关进鸟笼，许多野鸟会逐渐衰弱、生病，甚至死亡。比如，高傲的老鹰会终日焦躁不安，鹣（jiān）鸟会拒绝进食，娇弱的蜂鸟会在栏杆上撞得遍体鳞伤……当然，世界上也有一些性情特殊的野鸟，它们能欣然接受鸟笼中的生活，表现得如在野外一样活蹦乱跳。新西兰的兼嘴垂耳鸦就是这样“粗神经”的代表。这种鸟灭绝于 1907 年，人类对它的研究十分有限。所幸，一位名叫沃尔特・布勒的新西兰博物学家曾经饲养过兼嘴垂耳鸦。他通过细致观察，用生动的笔触留下了关于这一物种的宝贵资料。

1864 年，博物学家沃尔特·布勒只有 26 岁。外表上看，他还是个文质彬彬的大男孩。很少有人知道，他从 17 岁开始就在收集、研究新西兰北岛地区特有的鸣禽——兼嘴垂耳鸦。

布勒得到过不少兼嘴垂耳鸦的标本，这些标本虽然制作精巧，却死气沉沉，无法展现鸟的性情和行为。终于有一天，布勒收到了一条惊喜消息——据说有位原住民活捉了一对兼嘴垂耳鸦，并把它们从偏僻的林区带到了马纳瓦图市区。布勒喜出望外，他急切地联系到对方。没想到，这位原住民拒绝了他的慷慨出价。

小贴士

沃尔特·布勒（1838 年—1906 年），新西兰博物学家、鸟类学家，著有《新西兰鸟类史》一书。

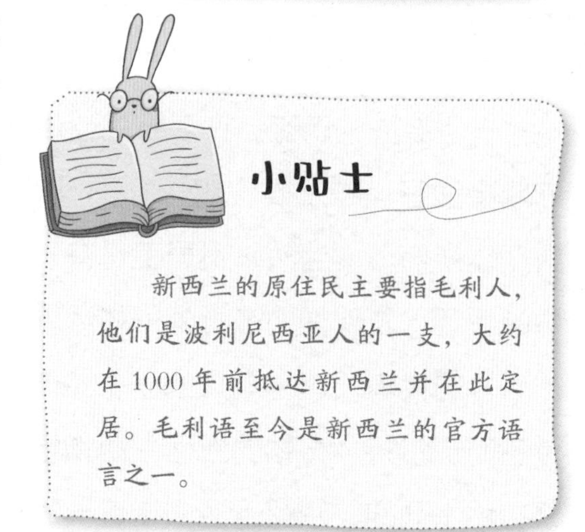

小贴士

新西兰的原住民主要指毛利人，他们是波利尼西亚人的一支，大约在 1000 年前抵达新西兰并在此定居。毛利语至今是新西兰的官方语言之一。

事实上，在毛利人的部落文化中，兼嘴垂耳鸦是神圣的鸟类，它的尾羽只有尊贵的酋长才能佩戴。19 世纪中叶，欧洲人定居新西兰以后，兼嘴垂耳鸦的数量显著减少，这种鸟只生活在北岛东南部的原始森林中，捕捉它们越发困难了。正因如此，毛利人手中的这对兼嘴垂耳鸦就显得更为珍贵了。

可布勒不甘心就此放弃，他反复与原住民交涉，最终以一块昂贵的绿玉为代价，得到了这对珍贵的兼嘴垂耳鸦。布勒如获至宝，他立刻将垂耳鸦释放到一个精心布置好的小房间里。房间地面铺满沙石，中央立着几株小树作为栖木。一雄一雌两只垂耳鸦钻出笼子，略带胆怯地四处探索。

在起初的几天，这两只鸟相对安静，但很快，它们变得活泼淘气，开始彼此玩耍。它们时而在枝条间穿梭跳跃，时而将尾羽张成扇形炫耀自己，表现出多样的情绪。兼嘴垂耳鸦的叫声如同口哨，两只鸟夫唱妇随，还常以喙部相碰触，发出婉转的呢喃。有时，它们也来到地上，不知疲倦地用喙四处凿探。

小贴士

兼嘴垂耳鸦经过训练后能说一些简单的词语。原住民如果抓住了兼嘴垂耳鸦的雏鸟，常会将它养在鸟笼中，等它长到足够大后再将其杀死做成装饰品，比如项链和耳坠。

布勒找来一段千疮百孔的朽木，朽木中的葫锯天牛幼虫是兼嘴垂耳鸦最爱的食物。两只鸟马上飞过去，以形状不同的喙各显神通。雄鸟用锥子般的喙啄击树皮，将柔软的部分撕下来，然后用力挖掘木头，直到蛀虫现身。而雌鸟有弯曲细长的喙，能绕过雄鸟啄不开的坚硬木段，沿着蛀洞探索虫子。

兼嘴垂耳鸦活泼好动，又不怕人，驯养它们令布勒乐在其中。可惜好景不长，由于照顾不周，雄鸟意外死去。十天之后，仿佛无法承受丧偶的悲痛，雌鸟也郁郁而终。布勒的观察只能遗憾落幕。

葫锯天牛原产于新西兰，它的幼虫藏身在朽木之中。这种大肉虫为奶白色，粗细如成年男性的小拇指，富含蛋白质。兼嘴垂耳鸦进食时，会先扯掉肉虫坚硬的头部，然后将虫整个吞下。

在 19 世纪，博物学家很少有机会研究活的兼嘴垂耳鸦，这种鸟的生存状况以及数量减少的趋势，并未引起人们的重视。实际上，在人类抵达新西兰之前，兼嘴垂耳鸦曾经遍布新西兰北岛各地。但当毛利人和欧洲人先后到达这里，它们的噩梦接踵而至。

兼嘴垂耳鸦只栖息在古老的原始森林中，因为只有那里才有丰富的朽木和蛀虫，才能提供安全的藏身之所。但人类为了建设农田和种植园，大肆砍伐原始森林，当地的生态系统被彻底破坏了。与此同时，由于外貌奇特，兼嘴垂耳鸦还被当做昂贵的收藏品，受到海内外收藏家的狂热追捧。一些博物馆高价求购其标本，巨大的经济利益导致猎杀愈演愈烈。

原住民捕猎时，会用带套索的长杆套住其中一只兼嘴垂耳鸦。另一只失去伴侣的垂耳鸦很快也会自投罗网。近代，欧洲人带来的火枪进一步提升了狩猎效率。

据记录，一位名叫雷切克的奥地利标本采集人，在 10 年间杀死了 200 多对兼嘴垂耳鸦。沃尔特·布勒在 1883 年的野外考察中采集了 18 对标本。同年，一支毛利人狩猎队曾杀死了 600 多只兼嘴垂耳鸦。这一时期，数以千计的兼嘴垂耳鸦被屠杀后贩卖海外。到 19 世纪末，这种鸟仅在零星几处深山中才能找到。

1901 年，英国约克公爵访问新西兰时，一位接待人员为表达敬意，将兼嘴垂耳鸦的尾羽插在公爵的礼帽上，这个举动引发了民众的争相模仿。一时间，一只兼嘴垂耳鸦竟能卖到 12 英镑，几片羽毛就价值 5 英镑。除了羽毛，兼嘴垂耳鸦的喙也被制成各种奢侈首饰。

人类最后一次目击这种鸟是在 1907 年 12 月，三只兼嘴垂耳鸦出现在塔拉鲁阿岭幽静的山谷中。它们匆匆振翅飞去，消失在茂密的森林里，凄凉的叫声久久回荡天际。从此之后，人们再没有找到这种鸟存活于世的证据。

兼嘴垂耳鸦大数据

兼嘴垂耳鸦**科学发现于1837年**，发现者是英国鸟类学家约翰·古尔德。

兼嘴垂耳鸦的拉丁文学名是*Heteralocha acutirostris*，大意是"**妻子有形状不同的嘴**"。

兼嘴垂耳鸦的**俗名叫Huia**，这个词来源于毛利语，其发音类似兼嘴垂耳鸦的叫声。

兼嘴垂耳鸦不是乌鸦的近亲，它的**近亲是新西兰的缝叶吸蜜鸟**。

兼嘴垂耳鸦只栖息在新西兰北岛的原始森林中，它有**季节性垂直迁徙**的习性，夏季生活在高海拔地区，冬季生活在低海拔地区。所以即便只在低地开垦农田，这种鸟也会因此受害。

兼嘴垂耳鸦是**杂食性鸟类**，主要吃昆虫、蜘蛛、浆果等。

兼嘴垂耳鸦脸颊两侧的橙色肉垂**可以收拢或展开**。它的喉咙为鲜黄色，舌头上有微小的倒钩。

雌雄兼嘴垂耳鸦**有形状不同的鸟喙**，雄鸟喙长60毫米，雌鸟喙长106毫米。伴侣之间没有严格觅食分工关系。

兼嘴垂耳鸦飞行能力弱，只能短距离飞行，很少飞到高处。但它能在树枝间跳跃，或者攀附在树干上，张开尾羽保持平衡。

兼嘴垂耳鸦的**叫声像口哨**，也像笛声。除了清晨时分，它们很少鸣叫，但其叫声能**传播很远**，在茂密的森林中也能传播超过400米。

如果人类模仿兼嘴垂耳鸦的叫声，这种鸟可能会被吸引过来，并**进行回应**。

兼嘴垂耳鸦是一雄一雌制的鸟类，伴侣可能会**相伴一生**。它们一般单独或成对活动，鸟群不会超过5只。

和许多岛屿鸟类一样，兼嘴垂耳鸦**不怕人**，用手就能轻易抓住。雌鸟甚至允许人类触摸它的巢。

兼嘴垂耳鸦的**繁殖季节是每年的10月至11月**，它的巢可能建在枯树洞中、树枝上或者靠近地面的位置。

兼嘴垂耳鸦的**巢为碟形**，直径可达35厘米，深度约为7厘米，巢壁用干草搭建，中心用柔软的细草和树枝铺垫。

兼嘴垂耳鸦在繁殖季节**只生一窝蛋**，数量为1~5个。蛋为椭圆形，直径约4厘米，灰色的蛋壳上有紫色和棕色的斑点。孵化工作由雌鸟和雄鸟共同完成。孵化后，亲鸟还要继续喂养雏鸟三个月。

兼嘴垂耳鸦**有12片尾羽**，尾羽末端有3厘米宽的白色条带。

在毛利人的文化中，兼嘴垂耳鸦通常不作为食物，它的羽毛十分珍贵，是部落之间用于**表达友谊和尊重的礼物**。这些羽毛被保存在精致的盒子中，悬挂在酋长小屋的天花板上，也会用于葬礼、出征等仪式之中。

1892年，新西兰曾通过野鸟保护法案，宣布猎捕兼嘴垂耳鸦属于违法行为，但是**法案并未得到认真执行**。

兼嘴垂耳鸦**灭绝于1907年**，灭绝原因主要是标本、衣帽制作引发的过度捕杀，以及原始森林被砍伐。人类带到岛上的外来动物，比如老鼠、家鸡、猫和黄鼬等，也是造成兼嘴垂耳鸦灭绝的原因之一。

新西兰发行过多种印有**兼嘴垂耳鸦的邮票**。1933年到1966年之间铸造的6便士硬币，背面图案就是雌性的兼嘴垂耳鸦。

兼嘴垂耳鸦**灭绝后，它的羽毛变得更加稀有**。2010年6月，一根兼嘴垂耳鸦的羽毛在奥克兰的拍卖会上以8000新西兰元的价格成交，价格大约相当于36000元人民币。

近年，科学家们期望通过克隆技术重新"复活"兼嘴垂耳鸦，但由于博物馆中的标本保存状况不好，**无法提取合适的DNA**，因此克隆计划并未成功。

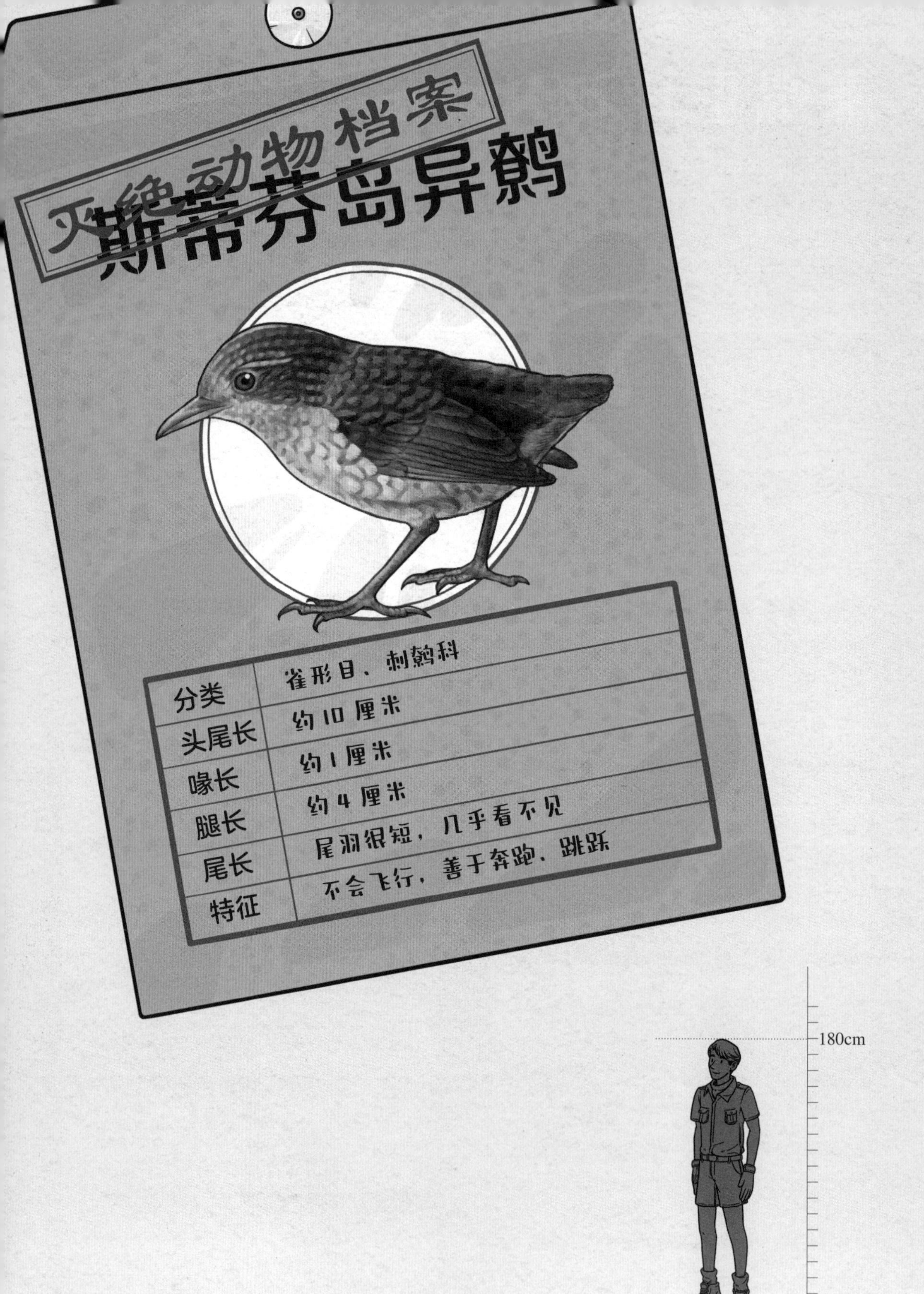
灭绝动物档案
斯蒂芬岛异鹩
分类
雀形目、刺鹩科
头尾长
约10厘米
喙长
约1厘米
腿长
约4厘米
尾长
尾羽很短，几乎看不见
特征
不会飞行，善于奔跑、跳跃
180cm
0cm

斯蒂芬岛异鹩

被宠物猫毁灭的物种

1894 年，斯蒂芬岛上的灯塔开始运营，大卫・莱尔作为灯塔管理员和其他 16 人一起搬到岛上定居，过起了田园牧歌似的海岛生活。这座小岛位于新西兰的南北两个大岛之间，占地仅 2.6 平方千米。

灯塔管理员的工作需要长时间待在岛上，大卫为了打发平淡的时光，带来了他怀孕的宠物猫给自己做伴。也许，大卫还期待着猫咪能生下一窝可爱的猫仔。当时的他没有意识到，这些小猫将对岛上的鸟类造成巨大伤害。

这年夏天，宠物猫开始给大卫送来奇怪的“礼物”，一些被咬死的小鸟。在各种各样小鸟中，有一种棕绿色的鸟大卫从未见过。这难道是一个新物种吗？他敏锐地感觉到自己正处在新发现的边缘。

大卫惊奇地发现，这种小鸟一直在地面上活动，它们似乎不会飞。

小贴士

斯蒂芬岛异鹩千万年间在新西兰的孤岛上隔离进化，岛上从没有陆生兽类，没有能伤害异鹩的天敌，因此在漫长的进化中，斯蒂芬岛异鹩渐渐舍弃了高耗能的飞行能力，成了活跃于地面的小鸟。

宁静的夜幕悄然降临，大卫在烛光下精心制作标本。他屏住呼吸，利落地在桌上棕色小鸟的腹部划出了一道笔直切口。这种和老鼠差不多大的鸟类他此前从未见过，作为一个入行尚浅的鸟类学家，他知道必须在尸体腐坏之前，尽快将它制成标本。

在此后的几小时中，大卫的手指灵活地操作，羽毛和皮肤被小心翼翼地剥离下来，包括大脑等脏器都被取出。然后，用绵羊毛塞满皮张，再细心地缝合好切口，最后将标本放在窗台上晾干，一切就大功告成了。

之后的几个月里，他制作了至少 15 件这种小鸟的标本。标本风干后，被送到了新西兰的首都惠灵顿，交到了著名的鸟类学家沃尔特·布勒手中。经过鉴定，毋庸置疑，这是一个新的物种。这种鸟被命名为斯蒂芬岛异鹩。

就在学者们为新物种而欢呼雀跃时，斯蒂芬岛的生态灾难却在悄悄上演。大卫带来的母猫生下了猫仔，小猫又不断繁殖，在岛上泛滥起来。许多野鸟遭到了猫的捕杀，特别是斯蒂芬岛异鹩不能飞，只能在地面上或树枝间蹦跳，它们更难逃灭顶之灾。

野猫是行动敏捷的杀手，即便不饿，它也会为了玩耍而杀死猎物。据统计，美国野猫一年杀死鸟类总数约 24 亿只。澳大利亚野猫每天杀死鸟类总数约 100 万只。

1895 年 2 月，距离大卫初次收到猫咪的“礼物”不足一年，人们在斯蒂芬岛展开地毯式搜索，却没能发现一只异鹩。大卫写信给沃尔特 · 布勒，遗憾地告诉他：“猫已经变得野性难驯，对岛上所有的鸟类造成了无法挽回的危害。”

除了大卫 · 莱尔之外，没人见过活的异鹩。这种鸟所有存世的标本都是由猫咬死后带回来的。随着斯蒂芬岛异鹩日益珍稀，标本的价格也水涨船高，一件标本的价格可高达 50 英镑，这相当于一个灯塔管理员 4 个月的收入。

1895 年 3 月，新西兰的《基督城报》登载道：“我们有充分的理由相信，在斯蒂芬岛已经没有异鹩了。而它们又是岛屿特有的，不分布在其他地方，所以很显然，它已经灭绝了。”

也许是良心发现，也许是亡羊补牢，1897 年，斯蒂芬岛的灯塔管理团队向政府申请了枪弹，开始消灭肆虐的野猫。1898 年，岛上来了一位新的灯塔管理员，他在此后的 9 个月里消灭了 100 多只野猫。与此同时，鸟类学家沃尔特·布勒等也积极呼吁社会，不再允许灯塔管理员携带猫等兽类前往海岛工作。

1925 年，斯蒂芬岛上的野猫被消灭干净，岛上鸟类 30 多年的噩梦终于结束了。这一天，距离斯蒂芬岛异鹩灭绝已过去了 30 年。

斯蒂芬岛异鹩大数据

斯蒂芬岛异鹩**科学发现于1894年**，发现者是英国动物学家里奥内尔·沃尔德·罗斯柴尔德。

斯蒂芬岛异鹩的拉丁文名字是*Traversia lyalli*，意思是“**属于特拉弗斯和莱尔**”。特拉弗斯是指当时的博物学家亨利·特拉弗斯。莱尔是指异鹩的最初目击者大卫·莱尔。

斯蒂芬岛异鹩曾经分布于新西兰各地，原始土著人登陆后将它们消灭殆尽。只有在**斯蒂芬岛**这个孤立的岛屿上，这种鸟才**存活到近代**。

全世界现存雀形目鸟类约6000种。包括斯蒂芬岛异鹩在内的**5种不会飞的雀鸟已经灭绝**。

斯蒂芬岛异鹩是**人类已知的唯一不会飞的鸣禽**。

斯蒂芬岛异鹩**长得像麻雀**，但和麻雀的亲缘很远。它**只有两种近亲**，分别是**岩异鹩**和**刺鹩**。这两种鸟也常在地面上活动，不到生死关头几乎不飞。

斯蒂芬岛异鹩有**橄榄绿色的羽毛**，飞羽和尾羽为深褐色，眼部有一条淡黄色的条纹。雌鸟和雄鸟的羽毛颜色略有不同。

斯蒂芬岛异鹩的**喙尖而细**，**腿部结实**，**脚爪细长**。

斯蒂芬岛异鹩的生理结构非常原始，**不具备飞翔所需的“硬件”条件**。它的胸骨没有龙骨突来固定肌肉，翅膀短而圆，而且羽毛松散。

斯蒂芬岛异鹩能够在**密林和岩石地带活动**，会在地面或灌丛中寻找食物。

斯蒂芬岛异鹩**可能具有夜行性**。

斯蒂芬岛异鹩的**食谱没有具体记载**，但它的近亲主要吃虫子。

在人类和猫登岛之前，斯蒂芬岛异鹩**在当地没有天敌**。

与许多岛屿鸟类一样，斯蒂芬岛异鹩**对猫和人都没有戒心**。

斯蒂芬岛异鹩**灭绝于1895年前后**，它们被人类带到岛上的猫所杀光。

目前，世界各地保存有约**16件**斯蒂芬岛异鹩的完整标本，以及一些化石遗骸。

分类	鸽形目、鸽鸠科
头尾长	约 31 厘米
尾长	约 10 厘米
翼展	约 20 厘米
冠羽	约 3.5 厘米
特征	头部有片状的冠羽

所罗门冕鸽
自带“王冠”的地栖鸽子

1904 年初，英国鸟类收藏家艾伯特漂洋过海，来到澳大利亚东北部的所罗门群岛开展自然考察。当时，美英等国的博物馆都在热烈追捧珍奇的鸟类标本。而根据所罗门群岛上的土著人所说，群岛西北部的舒瓦瑟尔岛上生活着一种独特的地栖鸽子，这种鸟在其他地方是难得一见的。

小贴士

艾伯特·斯图尔特·米克（1871 年—1943 年），英国鸟类收藏家、博物学家。他曾在英国、澳大利亚等地搜集鸟类及爬行动物标本进行贩卖。由他采集的多件标本被收藏在伦敦和美国的自然历史博物馆。为纪念艾伯特的科学成就，有 8 种鸟类、1 种蛇类和几种昆虫以他的名字命名。

哪怕还未登岛，艾伯特也能推想出这种鸟的生物学价值。在这个四面环海的火山岛上，千万年来动植物与世隔绝，不擅飞翔的地栖鸽子被困在这里，渐渐进化成了独特的岛屿物种。

船靠岸后，艾伯特迫不及待地登上了这座狭长的热带岛屿。在当地人的指点下，艾伯特连续几天在海滨滩涂蹲守，果然发现了几只体态敦实，翅膀短小的鸽子。这种鸽子虽然与家鸽体长相仿，但外貌和习性不同于他见过的任何鸟类，当地人称之为“生活在地上的野鸽”。

艾伯特拿出望远镜远远观察，这种鸽子的背部呈蓝灰色，腹部是棕黄色，尾巴是紫黑色，头上还有开合自如的冠羽，外表可谓是低调奢华有内涵。它们的叫声忽高忽低，如同婉转的口哨，每逢黄昏深夜，鸟叫声此起彼伏回荡耳畔。

冠羽是鸟类最流行的装饰之一，一些雄鸟的羽冠美丽而夺目。鸟类的冠羽千姿百态，有些还能自由开合，比如所罗门冕鸽、戴胜、凤头鹦鹉等，在兴奋、炫耀时可以展开冠羽。

舒瓦瑟尔岛的面积不足 3000 平方千米，所罗门冕鸽在当地也并不多见。据岛上的土著人说，16 世纪第一批欧洲人抵达群岛之前，这里没有猫、狗等任何食肉兽类。因为世代没有天敌的存在，这种动物警戒天敌的习性就渐渐退化了，性情也变得出奇的温顺。这些鸽子常三五成群在小灌丛里活动，即使猎人靠得很近，也不知道逃跑躲避，甚至猎人用手就能把它们从灌丛里拽出来。

艾伯特放轻脚步，悄悄向滩涂上的几只冕鸽靠近。虽然之前从土著人嘴里了解到了这种鸟的习性，但抓捕过程还是大大出乎他的意料，几乎没费什么力气就逮住了一只冕鸽。在艾伯特看来，这些冕鸽的性格过于温顺，甚至可以说有点愚蠢，它们对人类完全没有戒心。

艾伯特完全可以想象出来，自从1568年西班牙航海家门达尼亚率先造访了所罗门群岛，到19世纪末，更多欧洲传教士、商人以及黑人奴隶的涌入，把猫、狗等食肉动物也带到了舒瓦瑟尔岛上，在这三百多年间，这些鸽子的命运恐怕是十分悲惨的。据艾伯特观察，所罗门冕鸽几乎完全以平地为家，繁殖季节也不搭巢穴，直接把蛋生在洼地上，而且一次只生一个蛋，繁殖速度很慢。土著人早已视它们为美味食材，而对于猫、狗等外来动物来说，这些笨鸟也是唾手可得的大餐。

在舒瓦瑟尔岛的北部海湾，艾伯特得到了六只成年冕鸽和一枚鸽子蛋。当地的几名男孩告诉他，附近的圣伊莎贝尔岛和马拉塔岛也有这种鸟，但艾伯特没有去这两个岛屿，而是选择了邻近的九重葛岛进行搜索，结果空手而归。

幸运的是，艾伯特采集的标本经过鉴定，证实了这是一个全新的物种，中文名称为所罗门冕鸽，拉丁名以艾伯特的名字命名。可悲的是，这次标本采集也敲响了所罗门冕鸽的丧钟。从此之后，人类再未得到关于该物种存在的确切记录。

20 世纪 20 年代末，美国自然历史博物馆为进一步丰富馆藏，先后两次派出经验丰富的考察队上岛搜索，可是数月过去了，考察队仍然一无所获。

关于所罗门冕鸽的目击传闻，一直持续到了 20 世纪 40 年代。目击者虽然很多，却都没有确凿的证据。有人猜测，在舒瓦瑟尔岛附近，那些没有被引入猫、狗的岛屿上，可能还有所罗门冕鸽幸存。这种猜测，同样也没有佐证。

所罗门冕鸽销声匿迹数十年之后，世界自然保护联盟才宣布其为灭绝物种。让人唏嘘不已的是，所罗门冕鸽科学发现于 1904 年，也灭绝于 1904 年。

如今，所罗门群岛的国旗和舒瓦瑟尔的省旗上都有象征自然的图案。舒瓦瑟尔的省旗中央位置是一只身体圆胖、头戴冠羽的所罗门冕鸽。也许这种独一无二、他处难寻的小鸟曾是当地人的骄傲。但与此同时，这个物种的灭绝也与人类活动有着千丝万缕的关联。

旗帜上的冕鸽是对历史的忏悔，还是对未来的警示？昔日，人们为了取得标本而无情捕杀冕鸽，如今，我们也只能从几件褪色、干瘪的标本之上窥见它们的美丽了。

所罗门冕鸽大数据

所罗门冕鸽**科学发现于1904年**，模式标本采集人是艾伯特·斯图尔特·米克。

艾伯特当年采集的6个带羽标本中，有3只雌性和3只雄性。

所罗门冕鸽的拉丁学名是*Microgoura meeki*，大意是“**米克的小冠鸽**”。

所罗门冕鸽在分类上属于“**冕鸽属**”，是**该属唯一的物种**，没有其他已知的亚种。

舒瓦瑟尔岛的土著人将所罗门冕鸽称为kukuru-ni-lua或者kumku-peka，大意是“**生活在地上的野鸽**”。

所罗门冕鸽**不是候鸟**，也不擅长飞翔，其分布范围仅局限于舒瓦瑟尔岛。

所罗门冕鸽喜爱栖息于**低地森林和湿地沼泽**，特别喜欢没有红树林的海滨滩涂。

所罗门冕鸽的**大部分羽毛为蓝灰色**，腹部和翅膀飞羽为橙棕色，尾羽为紫黑色。

所罗门冕鸽的**雄性体型比雌性更大**。

所罗门冕鸽的**体长跟家鸽差不多**，但翼展长度仅有家鸽的三分之一。

所罗门冕鸽与巴布亚新几内亚的凤冠鸠外表相似。但所罗门冕鸽的**冠羽呈圆片状**，而凤冠鸠的冠羽是散乱的。

所罗门冕鸽在**黄昏和夜晚鸣叫**，它的叫声从未被收录过。土著人将这种声音描述为上挑和下降的口哨声。

人类对所罗门冕鸽的食谱知之甚少。它的鸽子亲戚大多以植物果实、种子为食，也吃少量的昆虫。

所罗门冕鸽的**胃里有石头**，可能是用于研磨食物。

所罗门冕鸽的**蛋是奶黄色的**，直径4厘米左右。

在土著人的传说故事中，描述了所罗门冕鸽的美妙味道。

土著人认为，所罗门冕鸽的灭绝主因是**猫和狗的捕食**。

1904年，所罗门冕鸽这个物种**在科学发现的当年就灭绝了**。

1927年和1929年，由五位资深标本采集人组成的探险队，在舒瓦瑟尔岛上进行了三个月的搜索，始终没有发现所罗门冕鸽的踪迹。

美国自然历史博物馆保留着**1具**所罗门冕鸽的**不完整骨架**和**5具带羽标本**。英国特林自然历史博物馆收藏有**1个**所罗门冕鸽**鸟蛋**和**1具带羽标本**。

灭绝动物档案

图拉克袋鼠

分类	有袋目、袋鼠科
头身长	约84厘米
尾长	约73厘米
体重	约10千克
特征	脸部有长条形黑斑，四肢末端为黑色

图拉克袋鼠

人类的盲目保护适得其反

17 世纪，欧洲人刚发现澳大利亚时，对这片大陆上的一切都感到如此新奇陌生。特别是那些后肢修长、尾巴粗壮、擅长跳跃的袋鼠，简直让探险家们大开眼界。

小贴士

澳大利亚的土著人把袋鼠叫做“gangurru”，意思是“跳跃的东西”。后来，英语中也用类似的发音“kangaroo”来指代袋鼠。“袋鼠”这个词并非指一个物种，而是对有袋目、袋鼠科动物的统称。近代以来已有多种袋鼠因为人类的影响而灭绝。

袋鼠的怀孕期大约 1 个月，宝宝都是早产儿。小袋鼠出生时体重不足 1 克，它爬进母亲的育儿袋中吸吮乳汁，5 至 11 个月后才能离开育儿袋。

19 世纪，在澳大利亚南部生活着一种图拉克袋鼠。人们这样评价这种袋鼠：“既有一身高贵的皮毛，又适宜作为狩猎对象。”虽然这个评价极其功利，但也体现了当时人们对其价值的认识。英国著名的博物学家、动物插画家约翰·古尔德曾记录：“图格拉袋鼠喜欢在森林、湖泊的交界处成群出没。每逢太阳西沉，它们的身影轻巧跳跃，借着夜色掩护，享用多汁的草木。”

古尔德说：“我从未见过这么健步如飞的动物。面对猎犬，它们从容不迫，先是优雅地小跳，再是一步大于一步的三级跳，轻易地就能把猎犬甩掉。”若非亲眼所见，谁会料到图拉克袋鼠小巧的身体中竟蕴含着惊人的速度？即便是被四五只猎犬团团围住，它依旧能淡定面对。它警觉地盯住面目狰狞的对手，任凭猎犬狂吼着逼近，只等到双方仅隔一步之遥，图拉克袋鼠突然转身，拔腿就跑。虽然未必每次都能逃脱，但它电光火石间爆发的速度缔造了许多传说，至今仍为当地人津津乐道。

尽管速度超群，图拉克袋鼠终未逃脱灭绝的厄运。19 世纪，每打一只袋鼠就能得到 6 便士的收入。这种价格在当时对于一个穷人来说，简直是无法抵御的诱惑。加上欧洲人带到澳大利亚的火枪、猎犬，还有野兔、赤狐、绵羊等外来物种，都对袋鼠的生存造成危害。当初，野兔被带到澳大利亚后，繁殖速度极快，不久便在澳大利亚泛滥，成了袋鼠的生存竞争者。后来，引进的赤狐本是为了遏制野兔繁殖过剩的，但赤狐在当地没有天敌，很快也繁殖泛滥，对袋鼠也造成了危害。同时，欧洲人不断开垦荒地、排干沼泽，破坏了图拉克袋鼠的栖息地。

1910 年前后，图拉克袋鼠还算常见，不久就只剩零星的小群了。1920 年，一位名叫伍德的教授利用荒芜的果园来救助袋鼠。但当时的大多数人一味地强调皮毛、肉类的价值。美丽的裘皮被大量运到墨尔本的集市。曾经成群结队的图拉克袋鼠走到了灭绝的边缘。

1923 年，在罗伯镇的科纳塔地区发现了一小群图拉克袋鼠，总共 14 只，这可能是当时全世界仅存的种群了。人们出于保护的目的，将这些袋鼠抓捕起来，送到澳大利亚南方的袋鼠岛上进行人工饲养。可惜事与愿违，由于人类对这种动物知之甚少，在抓捕和后续过程中，14 只袋鼠中的 10 只因为过度惊恐而死去，仅有 4 只在囚禁中幸存。人类的盲目保护造成了可怕的二次伤害，保护计划宣告失败。

1924 年以后，再没人见过野生的图拉克袋鼠，人工饲养的 4 只袋鼠也没留下后代。最后一只图拉克袋鼠一直活到了 1939 年，它被捕获时还在母亲的育儿袋里，终其一生都没能走出牢笼。伴随着它的死去，图拉克袋鼠这个独特的物种消失在历史的尘埃中。

图拉克袋鼠大数据

图拉克袋鼠**科学发现于1846年**，发现者是英国博物学家乔治·罗伯特·沃特豪斯。

图拉克袋鼠的拉丁文名字是*Macropus greyi*，意思是“**格雷的大袋鼠**”。格雷是指19世纪英国探险家、标本收藏家乔治·格雷。

图拉克袋鼠的俗名叫“**猴脸**”，因为它的眼与鼻子之间有一道明显黑斑，乍看像画了脸谱似的。

图拉克袋鼠是**澳大利亚的特有物种**，主要生活在南澳大利亚州和维多利亚州西部。

博物学家初次科学描述图拉克袋鼠所用的模式标本**采集于南澳大利亚的库隆地区**。

图拉克袋鼠的**皮毛质地柔软**，背部为浅灰色，腹部为浅黄色，四肢前端呈白色，爪子为黑色，从鼻子到眼睑上方有一道大黑斑。

图拉克袋鼠的皮毛有深浅夹杂的斑纹。**斑纹的颜色和形状因季节而有所不同**。

从体型上看，**雌性图拉克袋鼠比雄性更大**。

图拉克袋鼠是**群居**动物，**有固定的栖息区域**。

图拉克袋鼠是**夜行性动物**，在黄昏和夜间活动频繁。

图拉克袋鼠的**时速可达 50 千米**，相当于每秒钟前进近 14 米。它集速度和耐力于一身，被誉为最迅捷的袋鼠。

图拉克袋鼠的**前肢有 5 个指头，后肢有 4 个指头**。

据记载，图拉克袋鼠**曾甩掉过训练有素的猎犬**，曾被猎人骑马追击 6 千米，最终翻越围栏逃脱。

图拉克袋鼠**主要吃草**以及其他植物。

图拉克袋鼠有一排坚固的切齿，臼齿很大，但**没有犬齿**。

澳大利亚**野狗和楔尾鹰**是图拉克袋鼠的**天敌**。

图拉克袋鼠的**怀孕期不足 1 个月**，小袋鼠出生后爬进母亲的育儿袋中。

图拉克袋鼠**灭绝于 1939 年**。它的栖息地被人类破坏，又因狩猎需求、皮毛贸易被大量捕杀。濒危之际，人类以保护为目的的捕捉造成了严重的二次伤害，图拉克袋鼠最终难逃灭绝的命运。

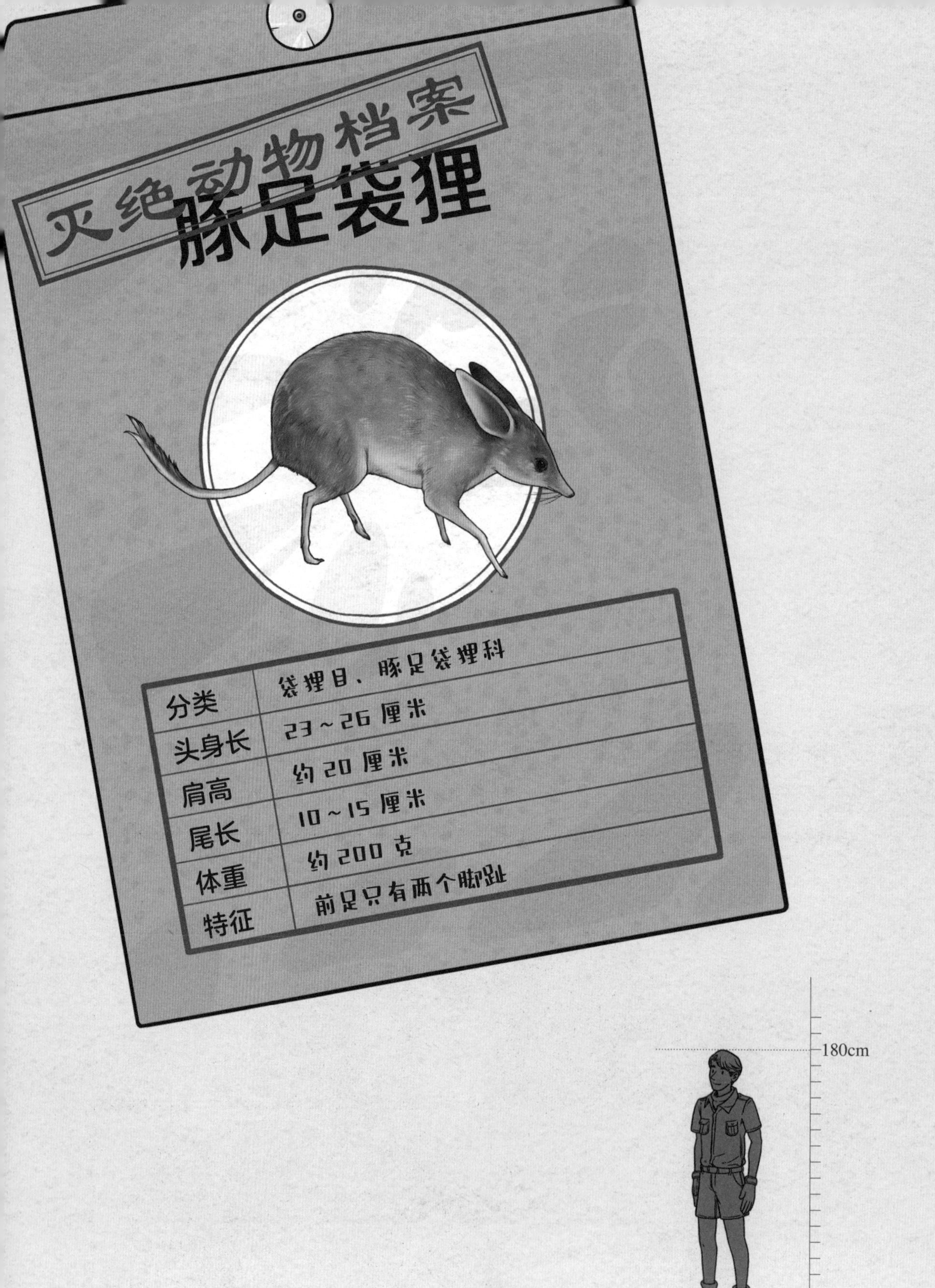

分类	袋狸目、豚足袋狸科
头身长	23～26 厘米
肩高	约 20 厘米
尾长	10～15 厘米
体重	约 200 克
特征	前足只有两个脚趾

豚足袋狸

史上最小的食草哺乳动物

19 世纪 50 年代，澳大利亚接连发现了几个储量丰富的金矿。于是许多欧洲人，纷纷抛家舍业、远渡重洋，前赴后继地投身到这场“淘金”热潮中，盼着下一个一夜暴富故事的主角就是自己。

自从在澳大利亚采金发了大财，探险家威廉・布兰多夫斯基的声望，就同他的财富一般芝麻开花节节高了。1856 年，当地政府慷慨地给了威廉 2000 英镑的资助，让他组建一支探险队，调查澳大利亚东南部的金矿和动植物。考察动植物需要把它们画下来，可威廉并不擅长生物素描，于是就邀请了 26 岁的博物学家杰拉德·克雷夫特当他的助理。当年 12 月，科考的一切事务都准备好了，威廉就带着探险队离开了墨尔本，前往墨累河与达令河的交界地带考察。

威廉·布兰多夫斯基（1822年—1878年），德国探险家、动物学家、采矿工程师。他一生多次进行墨累河、达令河流域的自然考察，曾一次运回28箱、大约16000件标本。在探险过程中，他还记录土著居民的生活方式与传统习俗，与这些人建立了密切的关系。

这次科考除了寻找金矿发大财外，威廉最想找的是一种叫豚足袋狸的动物。早在1836年的时候，一位叫托马斯·米切尔的探险家，曾经在当地偶遇过这种动物。豚足袋狸的体型和小兔差不多，面部特征与老鼠很像，前足只有两个脚趾，像极了小猪的猪蹄。也正是因为这个特点，它才得了那么个大名。尽管米切尔费尽周折，也只采集到了一件标本。对米切尔带回来的标本素描图鉴定后，博物馆的专家们大喜过望，原来这不仅是一个新的物种，还是分类学上一个崭新的“科”！这个结论一出，马上引起了学界的巨大轰动。

威廉带领探险队忙活了大半年，也未见到豚足袋狸的真容。因为自己公务在身，威廉心不甘、情不愿地提前返回了墨尔本，留下助理杰拉德主持接下来的科考工作。

在蒙德利敏营地，杰拉德把当地的原住民召集起来，他拿出一张豚足袋狸的素描图，跟他们说自己急于求购这种动物。可惜，这张素描图是照着米切尔带回来的标本绘制的，而那个标本的尾巴恰巧被弄丢了，所以它呈现的外观信息并不完整。

也许是因为这个原因，尽管原住民进行了地毯式搜索，抓捕了各种各样的小兽，却没能找到一只和素描图完全吻合的动物。杰拉德十分失望，但他还是不死心，一再提高悬赏价格。

当搜索范围扩大到了墨累河右岸后，原住民捕获了第一批豚足袋狸——一只雄性，一只雌性，还有两只幼崽。

令杰拉德没想到的是，当原住民把猎物送到探险队营地的时候，这四只豚足袋狸已经死了。杰拉德捧起这几个他梦寐以求的小生灵，双手因过于激动而微微颤抖着。在他眼里，这可能是地球上最奇怪的兽类：它们尖而长的大耳朵像兔子，鼻子也是又尖又长的，腿细得像小鹿，前足只有两个指头，后足就是一个粗大的脚趾。最怪异的是，它完全没有尾巴——实际上，豚足袋狸不仅有尾巴，而且尾巴还很长，但那些原住民为了让杰拉德相信，他们抓到的这几个可怜的小东西，就是素描像画的那种小动物，干脆把它们的尾巴都揪掉了。

杰尔德·克雷夫特（1830年—1881年），澳大利亚最早也是最伟大的动物学家、古生物学家之一。他著有《澳大利亚的蛇》《矿物和岩石目录》《澳大利亚化石遗存简短指南》等著作。为了纪念其取得的科学成就，有两种澳大利亚特有的爬虫类动物，是以他的名字命名的。

杰拉德花光了兜里的每一分钱，还承诺为这些原住民举办一场盛大的晚宴，最后总算把这几只豚足袋狸买到手了。在接下来的几个月里，他一共买到了8只豚足袋狸，而这些动物全都捕自达令河的下游地区。

那些猎人告诉杰拉德，豚足袋狸受到惊吓时，一般会寻找空树干藏身。可是它们生活的地方树木本来就很少，更别说空树干了。即便是真的钻进去了，也能轻易用手活捉它们。不过，这种动物的体质真的很弱，太容易死翘翘了。原住民抓到豚足袋狸后，通常会用它们的肉做成美味佳肴，用它们的皮毛作装饰。

1857年10月下旬，探险队终于得到了两只活的豚足袋狸。看到它们细长的尾巴，杰拉德才恍然大悟。他将这两只小东西放在营地饲养，每天对着它们认真观察、详细记录，很快就有了不少发现：豚足袋狸昼伏夜出，是一种胆怯而害羞的小动物，常会躲在草丛中发出“mia、mia”的叫声。这两个小家伙平时慢悠悠地踱着步子，看上去像兔子在跳，前肢承担着身体重量，后肢被向前牵引着，前后肢交替着地，看起来有点笨拙。

有欧洲人曾描述它“像一个被打碎的烂摊子，前半身拖着后半身”，动作极不协调。但当地的土著告诉杰拉德，当豚足袋狸受到惊吓的时候，也是能极速“狂奔”的，这也许是在强烈的求生欲的控制下迸发出的巨大能量吧。

更令杰拉德奇怪的是，与大多数“袋狸目”动物不同，豚足袋狸主要吃草，它可能是史上最小的食草哺乳动物。为了发酵、消化粗纤维的植物，牛、羊等动物都拥有很长的肠道，而体型大小决定了肠道的长度。人们通常认为，食草哺乳动物的体重至少应有 600 克，否则就很难从植物中吸收足够的营养。但豚足袋狸的体重只有 200 克左右，远远低于这个下限。虽然也有原住民说，曾经见过豚足袋狸吃蚂蚱、蚂蚁和白蚁，但杰拉德养的那两只，至少在他眼皮子底下的时候，它们几乎只吃草，还特别爱吃生菜。

探险生活风餐露宿、缺衣少粮，随之而来的是人对肉食的极度渴望。在杰拉德眼里，这两个小家伙就成了活着的盛宴诱惑，而且还整天在他眼前晃悠。尽管杰拉德竭力地克制着自己的欲望，但在不久后，这两只豚足袋狸还是没能逃过成为他盘中餐的厄运。刚刚美餐一顿后，杰拉德便后悔了，自责地写道：“它们味道很好。很遗憾，我的胃口不止一次地推翻了我对科学的热爱。”

时间一晃就到了当年12月，杰拉德带着探险队返回了墨尔本。队长威廉·布兰多夫斯基非常非常遗憾，因为他没能亲眼见到活的豚足袋狸，只收到了几件豚足袋狸骨骼和皮毛标本。

这件事成了威廉心中永远的痛，此后他再没有机会见到活的豚足袋狸。在历史上，虽然豚足袋狸引起了博物学家的极大兴趣，但却未能得到及时有效的保护。1836年米切尔发现这种动物的时候，其数量正在急剧减少。到了威廉和杰拉德探险的年代，豚足袋狸的数量就变得更加稀少了。

当然，有这个遭遇的也不只是威廉一家。1896年，一位名叫斯宾塞的探险家在报告中写道："目前，在小型有袋类动物中，豚足袋狸是最难获得的物种。在整个探险期间，虽然我们想尽各种办法，但仍然无法找到一件标本。不过，后来在其他地方，我很幸运地得到了一件由原住民制作的标本。"

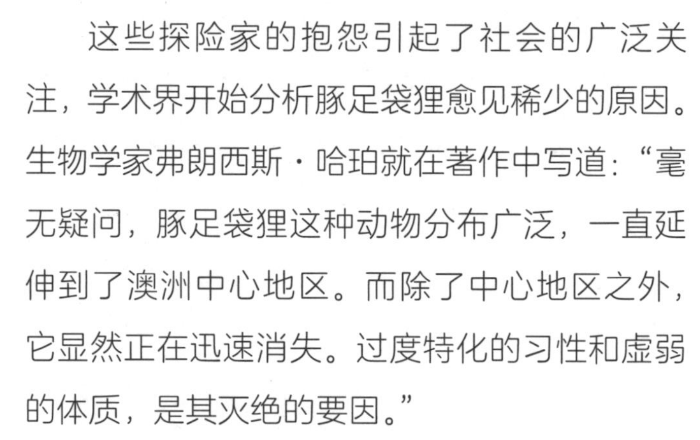

这些探险家的抱怨引起了社会的广泛关注，学术界开始分析豚足袋狸愈见稀少的原因。生物学家弗朗西斯·哈珀就在著作中写道：“毫无疑问，豚足袋狸这种动物分布广泛，一直延伸到了澳洲中心地区。而除了中心地区之外，它显然正在迅速消失。过度特化的习性和虚弱的体质，是其灭绝的要因。”

20 世纪初，阿尔伯特·怀特在澳大利亚中部探险时，在原住民妇女和猎狗的帮助下，抓住了一只豚足袋狸。同年，澳大利亚政府为了保护这种濒临灭绝的动物，严令禁止豚足袋狸出口贸易。

可是，尽管采取种种措施保护豚足袋狸，最终也没有挽留住它们走向灭绝的脚步。1901 年，人类采集到了最后一件豚足袋狸标本。1926 年，该物种留下了最后的目击报告。但在原住民的口头传说中，直到 20 世纪 50 年代，在吉布森沙漠、大沙沙漠地带仍有幸存的豚足袋狸。自此之后，就再也没有这种动物存在的消息了。

有观点认为，澳洲原住民刀耕火种，促进了草丛的新生，为豚足袋狸提供了充足的食物。但欧洲人到来后，这种原生态的生活方式被改变了，从而导致了豚足袋狸种群的衰落。

豚足袋狸灭绝的原因十分复杂，除了火灾和气候变化之外，人类的过度捕杀，以及猫、狐狸、兔子、牛、羊等外来物种的引入，都对其造成了伤害。

豚足袋狸大数据

豚足袋狸**科学发现于1838年**，模式标本采集人是托马斯·米切尔。

豚足袋狸的拉丁文名字是 *Chaeropus ecaudatus*，意思是“**猪脚没尾巴**”。由于定名用的标本恰好丢失了尾巴，所以阴差阳错就得到了这个名字。

在澳大利亚原住民的语言中，豚足袋狸被称为“**兰旺**”（Landwang）或“**兔百佳**”（Tubaija）。

目前世界已知的豚足袋狸标本**仅有29件**。

豚足袋狸与“**袋狸目**”的其他动物分化于大约2000万年前。

2019年，科学家对现存的所有豚足袋狸标本进行了基因检测，发现它们其实分为两个物种：**南部豚足袋狸**和**北部豚足袋狸**。

南部豚足袋狸与北部豚足袋狸**分化于大约200万年前**。与南部豚足袋狸相比，北部豚足袋狸的腿更长，移动速度更快一些。两种豚足袋狸牙齿结构不同，饮食也有差别。

20 世纪初，在**西澳大利亚的一个岩洞中**，人类首次发现了豚足袋狸化石。

豚足袋狸是**澳大利亚特有动物**，是袋狸家族中的珍稀品种，曾经广泛分布于林地、草原、沙漠、荒原等地，但数量并不多。

豚足袋狸是**素食主义者**，主要吃植物的根茎叶和种子，日常需要大量饮水。

澳大利亚**野狗**、**楔尾鹰**、**眼斑巨蜥**、**沙漠赫蛇**等是豚足袋狸的**天敌**。

豚足袋狸的**皮毛粗糙而笔直**，颜色有灰褐色、淡黄褐色、橙黄色等多种。腹部下方偏白，栗色的耳朵上几乎没毛。

豚足袋狸的**前足有两个脚趾**，**后足有四个脚趾**，其中一个指头特别粗大，走路时只用这一个脚趾着地。

豚足袋狸**有 46～48 颗牙**，牙齿是类似牛马的高齿冠，很适合吃草。

豚足袋狸口鼻部细长，嗅觉灵敏，主要**靠嗅觉和听觉寻找食物**。

豚足袋狸的耳朵约 6 厘米长，**能听见远方掠食动物的动静**。

豚足袋狸是**独居的夜行性动物**，白天在庇护所中睡觉，晚上出来觅食。

豚足袋狸的**领地意识很强**，为了保护自己的地盘，雄豚足袋狸往往跟入侵者进行生死搏斗。

在树木茂盛的草原，豚足袋狸**用空心的木头和草搭建巢穴**；在缺少树木的干旱地带，会**挖掘短而笔直的洞穴**，并在深处建造巢穴。

豚足袋狸的**繁殖季节是每年 5～6 月**，孕期仅约 12 天，分娩只需 10 分钟左右，幼崽出生时仅重 0.5 克。

豚足袋狸的**育儿袋开口向后**，里面有 8 个乳头。按体积推算，育儿袋最多能容纳四只幼崽，但它通常一胎生两只幼崽。

豚足袋狸**灭绝于 20 世纪 50 年代**，被人类科学发现 100 多年即告灭绝。

分类	袋狸目、兔耳袋狸科
头身长	20～27厘米
尾长	12～17厘米
耳长	68～92厘米
体重	300～435克
特征	后脚只有三个脚趾，育儿袋开口向后

180cm

0cm

小兔耳袋狸
有袋类家族的“四不像”

1932 年盛夏，澳大利亚中部的沙漠荒原，似火的骄阳炙烤着大地，沙丘如同血液般鲜红，蓝天与红沙在远处连在了一起，一些金合欢树零星挺立，沙漠藤蔓草点缀在沙地上，还有一支驼队缓慢前行，构成了一幅极具视觉冲击的画作。

小贴士

由于辛普森沙漠等地的沙子中富含铁元素，呈现出了整片鲜红如血的沙漠，这片土地被形象地称为“红色中心”。

当年人类对这片“红色中心”知之甚少，这支驼队就是去这里考察的。驼队的领头人是澳大利亚动物学家芬莱森，他清楚这片沙漠绝非不毛之地，作为一种独特的生态系统，其生物多样性甚至不低于热带雨林。

小贴士

赫德利·赫伯特·芬莱森（1895 年—1991 年），澳大利亚动物学家、作家、摄影师。他一生致力于澳大利亚中部哺乳动物的研究，先后多次开展实地自然考察，留下了 2000 多件动物标本和 5000 多幅珍贵照片。他的著作《红色中心：澳大利亚心脏地带的人与野兽》至今仍是重要的自然历史研究参考资料。

经过艰苦而漫长的旅程，他们来到了澳大利亚大陆的东北部。沙漠中夜晚的温度要比白天低了很多，芬莱森等人感到有几分寒冷，于是点起了篝火，准备露营。那些白天躲在阴凉处的小动物们，此时偷偷钻出了洞穴，开始在洒满银色月光的沙漠上觅食。

不远处的小灌木丛里，传出了窸窸窣窣的响声，芬莱森心生好奇，于是就屏住呼吸，轻手轻脚地靠近过去。在相距还有十余米的时候，突然之间，一个娇小的灰白色身影从眼前一闪而过，三蹿两蹦就钻进了对面的沙丘。芬莱森连追了几步，只看清那是一种兔子大小的动物，有一对夸张的大耳朵。他打亮了手电筒，沿着沙子上奇怪的三趾足迹向前追寻，没走多远，一个黝黑窄小的洞口，出现在手电光的光圈里。

18世纪，欧洲人发现澳大利亚的时候，大陆中部沙漠地带生活着两种兔耳袋狸，其中一种体型较大，体长跟猫差不多，人们称之为“大兔耳袋狸”；另一种体型较小，体长不到30厘米，人们叫它“小兔耳袋狸”。

芬莱森不禁喜出望外，因为生活在沙漠深处的小兔耳袋狸，当时还不为世人熟知，他想收集一些小兔耳袋狸的标本。

这是一种小巧、机灵的有袋类动物，极能适应炎热干燥的气候环境。凭借强有力的上肢和脚爪，它们能在沙土中挖出四通八达的洞穴，以此躲避天敌。将手贴近那黑黝黝的洞口，你能感到一股略带潮湿的凉气。要知道，澳大利亚内陆沙漠的炎热程度不亚于非洲的撒哈拉沙漠，这里夏季的最高温度超过40℃，而地洞内的温度要比地面低10℃左右。

你的耳朵为什么这么长?
我生活在炎热的沙漠里，耳朵不大一点怎么散热? 大耳朵给了我敏锐的听力，可以寻找食物,可以警戒天敌……

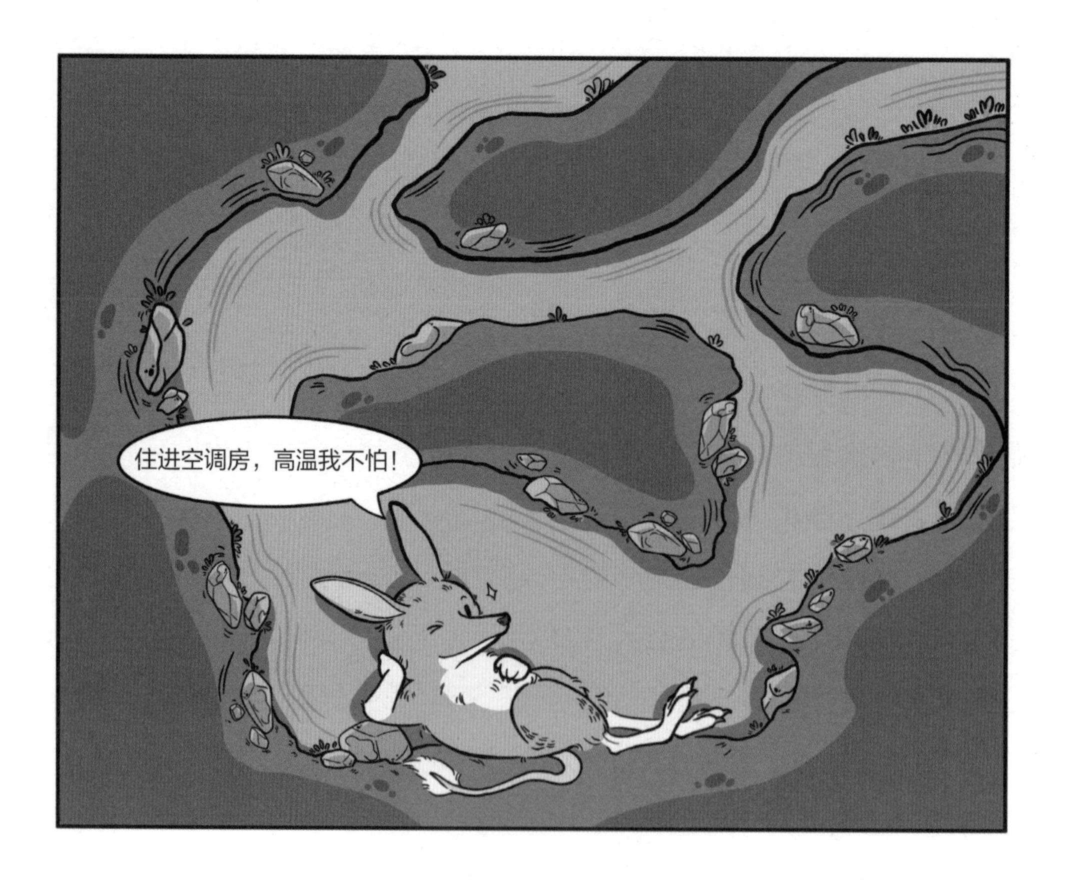
住进空调房，高温我不怕!

芬莱森即便找到了洞口，想抓住小兔耳袋狸也并非易事。这种动物的洞穴长度可达 3 米，洞口又不只 1 处，还能在地道里四处移动，用“游击”战术与敌人周旋。你若是贸然伸手去抓，它便会愤怒地嘶叫，拼命地挣扎，用锋利的牙齿、脚爪给你留下终生难忘的教训。

芬莱森用手电向洞内晃了晃，又敲击周围的沙地俯身聆听，可是洞中没有一点动静，想必已经逃到远处去了。

芬莱森不免有些失望，他叹着气，掸落身上的沙土。忽听得身边又有一丝细微的轻响，连忙侧目寻找。原来，是一只满身尖刺的小棘蜥在看他的热闹。

回到营地后，芬莱森将事情的经过跟助手们讲了。他聘用的助手中，有几个是皮肤黝黑、满脸络腮胡子的澳大利亚原住民，由于芬莱森对待这些土著人很友善，他们也都尽自己最大的努力，为芬莱森的自然科考提供帮助。

某日清晨，一名原住民助手捉回了两只小兔耳袋狸，这让芬莱森大吃一惊。在此后的一段时间里，这位能干的助手每天早晨都外出，偶尔就能抓到两三只小兔耳袋狸，而且还都是活的。就这样，芬莱森先后得到了 12 件小兔耳袋狸的标本。

捕捉小兔耳袋狸的技巧，原住民确实懂得一些。在他们看来，冬天捕捉这种小动物，要比夏天更加简单。因为冬季地面比较温暖，小兔耳袋狸常常待在靠近洞口的地方，只用一堵软沙封住洞口掩人耳目。经验丰富的猎人找到洞口后，他并不急于将手伸进洞里，而是用力在沙丘上踩踏、蹦跳。只要将深处的地道踩塌，小兔耳袋狸就没了退路，只能从洞口钻出来逃命。这时，猎人只需守住洞口，就能坐收渔利了。

根据芬莱森的描述，20 世纪 30 年代，澳大利亚中部的小兔耳袋狸数量挺多。实际上，他收集的这 12 只小动物，就是人类已知最后一批活的小兔耳袋狸了。20 年之后，当芬莱森再次率领考察队进入这片红沙漠的时候，这里已经找不到小兔耳袋狸的踪迹了。

小兔耳袋狸的灭绝原因众所纷纭。沙漠中的天然火灾造成了栖息地的破坏；原住民的捕捉造成其数量减少；西方人将家猫、狐狸、兔子、骆驼引入了澳大利亚中部，这些动物有些是小兔耳袋狸的天敌，有些则作为竞争者抢夺了沙漠中为数不多的食物。20 世纪 50 年代以后，人类再没有找到小兔耳袋狸存在的确切证据。

小兔耳袋狸大数据

小兔耳袋狸**科学发现于1887年**，发现人是英国生物学家奥德菲尔德·托马斯。但他没见过活的小兔耳袋狸，而是依据大英博物馆的一件标本确认了这个新物种。

小兔耳袋狸的拉丁文名字是*Macrotis leucura*，意思是“**白色尾巴大耳朵**”。

小兔耳袋狸的**第一件标本没有标注采集地点**。历史上，仅有6次采集行动得到了小兔耳袋狸的标本。

小兔耳袋狸的家族历史能**追溯到1500万年前**。

小兔耳袋狸**与袋鼠亲缘关系很近**，大兔耳袋狸、长鼻袋狸等是它的近亲。

大兔耳袋狸曾分布在澳大利亚大陆70%的地区，**如今大兔耳袋狸的数量锐减**，分布区域缩小到了五分之一。

小兔耳袋狸的皮毛呈**灰褐色**，下身呈浅灰色，尾巴为白色。

小兔耳袋狸的**外形像新疆的长耳跳鼠**，但体型要大一倍。

小兔耳袋狸**大小如幼兔**，雄性的体型比雌性大。

小兔耳袋狸的**后脚只有3个脚趾**，而兔子有4个脚趾。

小兔耳袋狸是**独居动物**，生活在澳洲中部的沙漠荒原。

小兔耳袋狸是**夜行动物**，白天躲在窝里避暑，夜晚出来觅食。

小兔耳袋狸是**杂食动物**，吃植物的根茎、果实和种子，也吃蘑菇、昆虫和其他小型哺乳动物。

小兔耳袋狸有力的**爪子和长舌头**是它的**觅食工具**。

小兔耳袋狸**不用喝水**，身体所需的水都能从食物中获得。

小兔耳袋狸冬天待在距离洞口**约30厘米**的地道里。

小兔耳袋狸的洞穴**深可达3米**，最多有12个洞口。

小兔耳袋狸的**育儿袋开口向后**，这样挖洞时不会灌进沙土。

小兔耳袋狸是哺乳动物中**孕期最短**的动物之一，孕期仅有12~14天。

小兔耳袋狸**一胎能生1~3只幼崽**，但通常是2只。它的哺乳期约为70 ~75天。

小兔耳袋狸的天敌是**澳大利亚野狗、楔尾鹰、眼斑巨蜥、沙漠赫蛇**等动物。

小兔耳袋狸的**最后一件头骨标本发现于1967年**，捡自辛普森沙漠中一个楔尾鹰的巢下面，估计寿命小于15岁。

火灾导致的**栖息地破坏、人为猎杀**，以及**人类引入的家猫、狐狸和兔子造成的生存压力**，导致了小兔耳袋狸的灭绝。

小兔耳袋狸**灭绝于20世纪50年代**。

根据澳大利亚原住民的口头传说，一些小兔耳袋狸**可能幸存到了20世纪60年代**。

分类	食肉目、犬科
头身长	约90厘米
尾长	约30厘米
肩高	约60厘米
体重	约15千克
特征	头大，腿短，面目像狼，尾巴像狐

180cm

0cm

福岛胡狼

有文字记录以来灭绝的第一种犬科动物

1831 年年末，22 岁的查尔斯·罗伯特·达尔文乘着英国皇家军舰“小猎犬”号从英国的普利茅斯港出发，展开了为时五年的科学考察之旅。

小贴士

1831 年—1836 年，达尔文跟随“小猎犬”号环球考察。一路上，达尔文考察地质、植物和动物。这 5 年的所见所闻对达尔文的思想产生了巨大的影响，他开始思考生物的起源问题，最终创建了进化论，还创作了轰动世界的《物种起源》。

“小猎犬”号一路向南，渡过浩瀚的大西洋，在 1833 年抵达了福克兰群岛。这座群岛坐落在南美大陆的东南端。举目远望，海面上岛屿星罗棋布，海港中商船络绎不绝。很难想象，这里 16 世纪时还是一片荒凉的无人区。17 世纪以后，在欧洲探险船、捕鲸船的频繁光顾下，中央的大岛已有人定居，并且开辟牧场饲养绵羊。

福克兰群岛，又名马尔维纳斯群岛，距离南美大陆约 480 千米，总面积约 1.2 万平方千米，由中央的两个大岛和周围的 700 多个小岛组成。在人类抵达以前，福岛胡狼是当地唯一的陆生哺乳动物，也是制霸这片群岛的顶级掠食者。

福岛胡狼

当然，真正吸引达尔文的并非商贸，而是福克兰群岛上奇特的生物。由于历史上从未与大陆相连，这片岛屿保留了原始的生态系统。走过潮湿的沙滩，徒步在青黄的草场，达尔文风餐露宿，奔走考察，将自己观察到的动物一一记录下来。他发现，福克兰群岛上有一种很大很笨的“狐狸”，这给他留下了极为深刻的印象。

事实上，达尔文笔记中多次提到的“狐狸”并非狐狸，更不是狼。它是一种独特的犬科动物，现代人称其为“福岛胡狼”。在达尔文之前，其他欧洲探险家也留下过关于它的记录。

小贴士

有时候，人们会把一些与狼无关但貌似狼的动物也称作某某狼。比如非洲的鬣狗被称作土狼，鼬科的黄鼬被称为黄鼠狼，大洋洲的一种有袋类食肉动物被称作袋狼。福岛胡狼也是一种“有名无实”的狼。

胡狼体长 90 厘米，肩高 60 厘米。

鬃狼体长 1.3 米，肩高 75 厘米，腿修长。

1690 年，英国船只“福祉”号抵达福克兰群岛，船员查理德·史汀生留下了一段关于福岛胡狼的记述。他写道：“我们活捉过一只小家伙，养在甲板上几个月。”但此后“福祉”号与法国船只遭遇并交火，这只小兽无处容身，愤然跳下大海。

1741 年，英国船只“赌注”号在麦哲伦海峡失事，船员在福克兰群岛避难。船长约翰·拜伦写道：“四只凶恶如狼的动物冲进与它们腹部齐深的水中攻击小船上的人。被吓坏的水手不得不将船再次划向大海。登陆之后，大家在营地点起篝火，放火焚烧草丛，这才摆脱了它们的纠缠。但是，在火光外围不远的地方，还能看见这些成群结队的猛兽。”

与许多岛屿物种一样，福岛胡狼不怕人，对人类也完全没有戒心。它们见到人时不仅不逃跑，反而像驯服的动物一样主动靠近。它们敢钻进帐篷偷食物。猎人一手拿刀子，一手拿生肉，就能将其引到近处杀死。

年轻的达尔文用“无知”“愚蠢”来形容福岛胡狼。他预言：“即便生存环境能够保持，这种动物也会因为人类的技术而极度减少。随着人类的定居，它可能会像渡渡鸟一样消失。”

诚如达尔文所言，在这片远离大陆的破碎土地上，福岛胡狼的数量本就不多。随着定居人口的增加，畜牧业的繁荣，人们为了猎取皮毛，保护家畜，将枪口对准了福岛胡狼。

1851 年前后，福克兰群岛的经济陷入萧条，政府为了鼓励畜牧业，把大片的草地、沼泽、海滨沙地开垦为牧场。岛上的绵羊越养越多，牧场主对福岛胡狼的偏见也越来越深。人们认为，福岛胡狼是邪恶的吸血鬼的化身，它们会袭击羊群。

曾经的家园和捕猎场被人类圈占，福岛胡狼饥肠辘辘，四处游荡。雪上加霜的是，在政府的悬赏下，一场残酷的“打狐狸”运动已然开始。人们端起猎枪，投下毒饵，把活的胡狼卖到动物园，把死的胡狼卖给皮毛商贩。福岛胡狼的“天真”和“愚蠢”，令它们一次又一次坠入猎人的圈套。

最后一只野生福岛胡狼于 1876 年被杀，地点在一个叫黑尔考夫的海湾中。令人遗憾的是，在达尔文到访福克兰群岛的 43 年后，他手稿中所描绘的这种动物已经从地球上消失了。

自从有文字记录以来，福岛胡狼是灭绝的第一种犬科动物。它们消失以后，人类带入这片群岛的鼠、兔、猫等动物失去了天敌，泛滥成灾，对当地的动植物造成了危害。为了亡羊补牢，人们从南美大陆引入了福岛胡狼的“远亲”南美灰狐。可悲的是，南美灰狐也在当地缺乏天敌，再次泛滥成灾。这场生态的悲剧，由人类而起，最终又由人类自食恶果。

福岛胡狼大数据

福岛胡狼**科学发现于1792年**，发现者是作家罗伯特·克尔。

福岛胡狼的拉丁文名是*Dusicyon australis*，意思是“**南方的蠢狗**”。

福岛胡狼的英文名是Warrah，这个名称在南美土著语言中是“**狐狸**”的意思。

福岛胡狼是南美胡狼属中**唯一存活到现代的物种**。它曾被误认为是狐狸、狼甚至是土狼的近亲，但DNA测定表明，它与南美洲的鬃狼关系较近。

福岛胡狼**只生活在南美洲的福克兰群岛**。

当代基因研究表明，福岛胡狼的隔离进化始于1.6万年前的最后一个冰川期。它们很可能是在这一时期离开大陆，**抵达了福克兰群岛**。

福岛胡狼的皮毛为**黄褐色**，尾巴尖端为白色。

福岛胡狼的**体型比**常见的**赤狐大一倍**。

福岛胡狼是**群居动物**。它们的叫声像狗，但比狗吠稍弱一些。

福岛胡狼在海岸沙丘地带**挖洞居住**。

福岛胡狼是**食肉动物**，它的食谱可能包括企鹅、海豹、鱼类等。

福岛胡狼是福克兰群岛上的顶级捕食者，**没有天敌**。

福岛胡狼首次被人类目击是在**1690年**，“福祉”号船抵达福克兰群岛，船长斯特朗和船员们发现了这种奇怪动物。

在1868年和1870年，两只活的福岛胡狼被带到英国伦敦动物园，但**很快都死去**了。

福岛胡狼**灭绝于1876年**。灭绝原因是人类破坏了福克兰群岛的自然环境，以及对福岛胡狼过度捕杀。

目前全世界**仅有6件**完整的福岛胡狼标本存世。

为了纪念福岛胡狼，如今福克兰群岛的**一套动物保护杂志以之命名**。当地使用的50便士硬币上也印有福岛胡狼的图案。

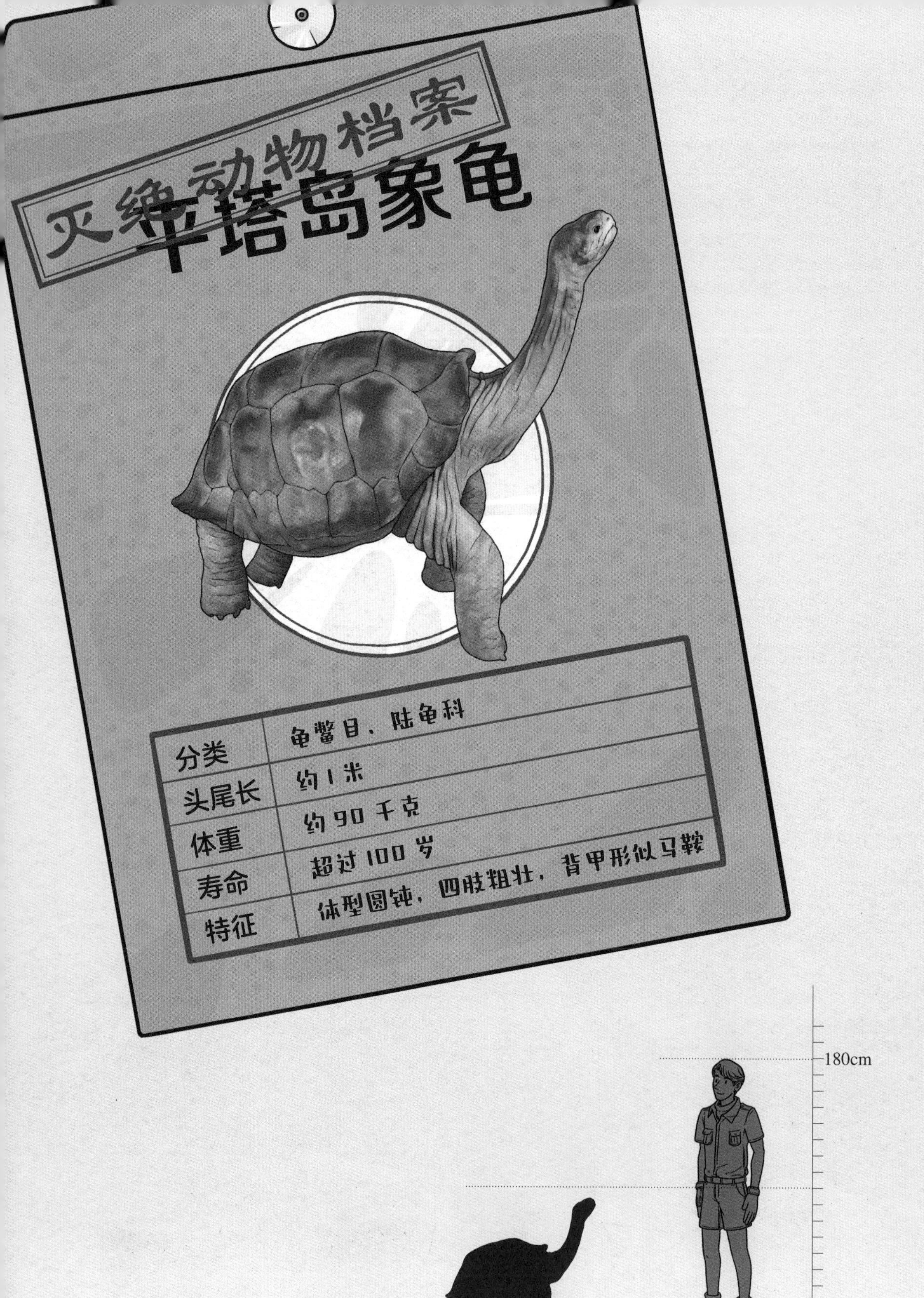
灭绝动物档案
平塔岛象龟
分类
龟鳖目、陆龟科
头尾长
约1米
体重
约90千克
寿命
超过100岁
特征
体型圆钝，四肢粗壮，背甲形似马鞍
180cm
0cm

平塔岛象龟

最后一员孤独生活 39 年

1835 年，达尔文乘坐的科考船“小猎犬”号来到了加拉帕戈斯群岛。群岛上千奇百怪的生物引起了他兴趣。在这里，他进行了一个多月的自然考察，收集了大量动植物标本，发现了物种演化的蛛丝马迹。

小贴士

加拉帕戈斯群岛由海底火山喷发形成，由 13 个小岛和 19 个海礁组成。虽然横跨赤道，却受到寒冷洋流的影响，形成了独特的气候，适合热带和寒带动物共同生存。这里的动物从大陆上迁移而来，经过数百万年的独立演化，逐渐与南美大陆的亲戚产生差异，形成了许多新物种，被誉为“活的生物进化博物馆”。陆龟大约是 300 万年前从南美大陆漂流到群岛上的。

加拉帕戈斯群岛是在 1535 年被发现的，当时，一位名叫托马斯·德·贝兰加的巴拿马主教在航行中偏离了航线，偶然发现了这片爬满巨型陆龟的群岛。他返航后，描述了群岛上的珍禽异兽。1570 年，这片群岛被以西班牙语命名为“陆龟之岛”。

小贴士

加拉帕戈斯群岛中，不同小岛的生态环境差异显著。为了适应各自的环境，采食不同的食物，陆龟演化出了不同的形态和体型。背甲的形状可以分为圆背型、鞍背型，以及介于两者之间的中间型。

不是我吹牛，根据龟壳的样子，
我就能知道这只龟来自哪个岛。
您真是太厉害了！我也发现，
三种不同的嘲鸫来源于三个不
同的岛，这是为什么呢？
加拉帕戈斯群岛殖民总督　劳森
达尔文

岛屿之间相隔很近，各个岛上的动
物却并不相同。如果真是上帝创造
万物，他有什么理由这样做呢？
达尔文，你怎么能质疑上帝创
造万物呢？这简直离经叛道！
我只看重证据，事实胜于
雄辩。我认为物种的诞生
是源于自然力量！

作为“陆龟之岛”，加拉帕戈斯群岛曾经遍布巨龟。据说达尔文抵达这片群岛时，这里仍生活着 25 万只陆龟。遗憾的是，群岛被人类发现后，隐蔽的环境很快成为海盗的藏身处。随着捕鲸业兴起，当地又成为捕鲸者的基地。

人类给这些温和、毫无防备之心的龟类带来了灭顶之灾。这些巨大的陆龟行动缓慢，很容易捕捉。它们新陈代谢很慢，即便不吃不喝，也能存活很久。成百上千的陆龟被抓到船上，作为新鲜的肉食。在人类发现群岛后的三个世纪里，大约有二十万只巨龟惨遭杀害。

过去，人们认为加拉帕戈斯群岛上的龟都是同一物种，但现代分子生物学证明，各个岛上的陆龟都是独立的物种。通常说的“加拉帕戈斯象龟”是对这些陆龟的统称。加拉帕戈斯象龟是陆地上体型最大的龟，也是陆地上最长寿的动物。

跟随人类脚步而来的家鼠捕食龟卵和幼龟，导致陆龟难以顺利长大。1959年，渔民将一公一母两只山羊引入了群岛中的平塔岛。大约 10 年后，山羊的数量超过了 4000 只。平塔岛上的草木被山羊啃食殆尽，陆龟的自然家园被严重破坏了。

17 世纪以来，人们一度认为平塔岛上特有的陆龟——“平塔岛象龟”已经灭绝。但在 1971 年，动物学家们震惊地发现，竟然还有一只雄性陆龟幸存了下来。这只巨龟被命名为“乔治”，它被迅速转移到另一个小岛上的研究站保护起来。

小贴士

平塔岛是加拉帕戈斯群岛中的一个小岛，面积约为 60 平方千米，最高海拔 650 米。

人们发现乔治时，平塔岛上山羊泛滥，大家不知道乔治是如何生存下来的，但能确定的是，乔治是这个物种的唯一幸存者。当时乔治大约 60 岁，对于长寿的巨龟来说，正处于青壮年。科学家希望能为它寻找一位伴侣，繁衍种群。但过去了很多年，人们再没找到第二只平塔岛象龟。

为了陪伴乔治，1992 年，工作人员带来了两只雌性的沃尔夫火山象龟，可乔治对它们没有太大兴趣。虽然人们为了乔治的“婚事”做了各种努力，但最后均宣告失败。

为了给乔治寻找伴侣，加拉帕戈斯国家公园曾设立了一万美金的悬赏，在全世界寻找一只雌性的平塔岛象龟，直到今天这笔奖金仍无人认领。

2012 年 6 月 24 日，乔治被饲养员发现死在了自己最爱的水坑旁。作为最后一只平塔岛象龟，它在加拉帕戈斯国家公园中孤独地生活了 39 年。随着乔治的离世，平塔岛象龟宣告灭绝。

时至今日，平塔岛上的山羊、家鼠已被驱逐干净。人们放归了带有平塔岛象龟血统的杂交陆龟，尝试恢复岛上原有的生态环境。为纪念乔治，它的遗体被制作成标本，安放在国家公园中进行展示。

平塔岛象龟大数据

平塔岛象龟**科学发现于1877年**，发现者是动物学家阿尔伯特·金瑟。

平塔岛象龟的拉丁文学名是*Chelonoidis abingdonii*，意思是“**生活在阿宾登岛的南美陆龟**”，阿宾登岛是平塔岛的旧称。

陆龟能适应较为干燥的栖息地，**终生生活在陆地上**。陆龟的后肢如象一般粗壮，所以常被叫做“象龟”。

平塔岛象龟仅生活在加拉帕戈斯群岛中的平塔岛上。与群岛上的其他陆龟相比，平塔岛象龟**体型较小**。

平塔岛象龟有一个巨大龟壳，质地坚硬，通常是**棕黑色或黑色**的。

平塔岛象龟的龟壳**形似马鞍**，方便它伸出长长的脖子取食高处的植物。

平塔岛象龟的**头部、颈部能收回到壳中**，防止被捕食或其他威胁。

平塔岛象龟的生活环境较为**干旱**，岛上有耐旱的仙人掌和小灌木植物。

平塔岛象龟是**昼行性动物**。15 岁前未成年时偏爱在低地活动，成年后喜爱在海拔较高的地方活动。

平塔岛象龟是**素食主义者**，主要吃仙人掌、树叶、水果和草等植物。

平塔岛象龟的**新陈代谢很慢**，这让它能在食物不丰富的环境里生存繁衍。

平塔岛象龟**能喝下大量的水**，储存在体内备用，据说它在没有食物或水的情况下能够生存长达六个月。

平塔岛象龟在与世无争的海岛上演化，**几乎没有天敌**。

最后一只平塔岛象龟乔治去世时**大约 125 岁**。

美国喜剧演员乔治·高贝尔在做节目时称自己为“孤独的乔治”。美国媒体也将平塔岛象龟乔治称为“**孤独的乔治**”。

科学家曾希望乔治和雌性的沃尔夫火山象龟繁殖后代，此后人们发现，和平塔岛象龟亲缘更近的不是沃尔夫火山象龟，而是**艾斯潘诺拉岛象龟**。

2007 年，研究人员发现伊莎贝拉岛上有十几只陆龟是平塔岛象龟杂交后代，大家希望能通过**人工选育**，恢复平塔岛象龟的纯种基因。

平塔岛象龟**灭绝于 2012 年**，灭绝原因包括：海盗、船员对其滥捕，以及人类带来的外来物种对群岛生态环境造成的破坏。

灭绝动物档案
墨西哥灰熊
分类
食肉目、熊科
头身长
约1.8米
肩高
0.9~1.5米
体重
300千克左右
寿命
20~30年
特征
皮毛为棕灰色
180cm
0cm

墨西哥灰熊
食性广泛的“银熊”

1957 年，在墨西哥奇瓦瓦市的街道上，一辆缓缓驶来的卡车吸引了所有人的目光。卡车的车顶被压变了形，上面绑着一头巨熊的尸体。这是一头灰色的熊，它背部强壮的肌肉像小山一般隆起。巨熊的前爪被固定在身体前方，长达 10 厘米的大爪子令人胆寒。这副利爪昭示着，这只被猎杀后游街展示的可怜动物，曾经是自然界中顶级的掠食者。

这只巨熊名叫墨西哥灰熊，是棕熊的亚种之一，因其独特的灰色皮毛，在西班牙语中被称为“银熊”。在中美洲山峦绵延、森林茂密的西马德雷山脉，墨西哥灰熊与美洲狮、灰狼、美洲黑熊、秃鹰等动物共享家园。

同样是美洲棕熊，生活在北方的棕熊种群体型较大，生活在南方的棕熊种群体型较小。同一类动物，在进化中会产生以下趋势：生活在寒冷地区的种群体型较大，生活在温暖地区的体型较小。这种生物学现象被称为“贝格曼法则”。

墨西哥灰熊（头身长 1.8 米）

科迪亚克棕熊（头身长 2.44 米）

穿过草坡和灌木丛，走进苍翠的橡树、松树林，远方巍峨的雪山和湛蓝的天空交相辉映，勾勒出明媚的自然画卷。春天，墨西哥灰熊从长达半年的冬眠中醒来，忙于寻找食物。它们的食谱丰富，捕食技巧更是高超，不仅能狂奔追击野兔，还能在河中捕鱼。它们钢钩般的大爪子能轻松地刨开土壤，翻出地底的昆虫和树根。食物匮乏时，墨西哥灰熊对腐肉和青草也来者不拒。

作为墨西哥地区最大的陆生杂食动物，灰熊没有天敌，美洲狮、灰狼等食肉动物都对它退避三舍。然而，山林中这种伊甸园式的生活，却因为欧洲移民的到来而一去不复返了。

小贴士

熊类家族中，只有北极熊是纯粹的食肉动物，其他熊都是杂食动物，不仅吃植物，也吃肉。

1540 年前后，欧洲移民的先驱者在当地邂逅了墨西哥灰熊。据他们描述：从科罗拉多山脉到墨西哥奇瓦瓦起伏的高地，再到亚利桑那州的埃舒迪拉，凡是山峦起伏的地方都有墨西哥灰熊的踪迹。

墨西哥灰熊巨大的体型、强大的力量无疑令人生畏。1847 年，一位名叫鲁克斯顿的人记录到，墨西哥灰熊的“拥抱”非常致命。它那强壮的钩爪，把肉从骨头上剥下来，就像厨师剥洋葱一样容易。

小贴士

墨西哥的索诺拉山脉上生活着神秘的土著民族“奥帕塔族”。他们将墨西哥灰熊誉为神圣的动物，对它顶礼膜拜。第一批接触到墨西哥灰熊的欧洲人是16世纪的探险家弗朗西斯科·瓦斯奎兹·科罗纳科。当时他正在中美洲探险，寻找传说中的黄金城。

随着定居者的增加，人们开垦山林，驯养奶牛和绵羊，人和熊之间摩擦日益增多。墨西哥灰熊偷吃庄稼、杀死奶牛的现象，引起了农民的憎恶和恐慌。当时，人们普遍认为灰熊是一种害兽。为了保护奶牛，他们用猎枪、陷阱、毒饵来对付闯入牧场的灰熊，却不考虑这些被开垦成牧场的土地，原本就是灰熊的栖息地。

19 世纪一位灰熊猎人迪克·沃顿描述道：“依据经验，只要猎人不主动挑衅，灰熊总是会避免与人类冲突。但是，人们对灰熊的怨恨正急速地增加，熊不断被枪杀。”

1910 年以后，墨西哥爆发了长达 20 年的内战。这一时期，土地变得荒芜，粮食产量大幅下降，人们为了充饥不断猎杀野生动物，而墨西哥灰熊也因其价值不菲的皮毛、肉和牙齿成为人类的捕杀对象。

1930 年前后，墨西哥灰熊已经相当稀少了。到了 1960 年，估计全世界仅剩下 30 头墨西哥灰熊。但在这一时期，一名墨西哥的牧场主因不满墨西哥灰熊偷吃家牛，组织了一场“打熊”运动。尽管当地政府也曾推出保护墨西哥灰熊的法令，但墨西哥灰熊的灭绝命运已无法扭转。

一位名叫阿尔多·利奥波德的人曾记录下一段关于诱杀墨西哥灰熊的故事：人们把猎枪藏在死牛的肚子里，扳机上绑上铁丝制成可触发的陷阱。一头被称为“老大脚”的墨西哥灰熊被死牛吸引，触发了机关并被杀死。

墨西哥灰熊的最后一次目击事件发生在20世纪50年代末，地点在墨西哥的尼多山脉。1964年，同一地区又提交了一份未经证实的墨西哥灰熊中毒的报告。从此之后，人们再未能找到墨西哥灰熊存在的确切证据。

墨西哥灰熊大数据

墨西哥灰熊**科学发现于1914年**，发现者是美国动物学家克林顿·哈特·梅里厄姆。

墨西哥灰熊的拉丁名是*Ursus arctos nelsoni*，大意是“**纳尔逊的熊**”。1899年，美国博物学家爱德华·威廉·纳尔逊在墨西哥的奇瓦瓦洲采集了墨西哥灰熊的模式标本。为纪念他的功绩，以他的名字为该亚种命名。

墨西哥灰熊**是棕熊15个亚种之一**。它的体型小于北美洲的其他棕熊亚种。

从进化角度看，墨西哥灰熊至少**产生于1万年前的冰河时代末期**。

墨西哥灰熊栖息在**中美洲**，包括美国新墨西哥州、亚利桑那州，以及墨西哥的巴哈马州、索诺亚洲等地。

墨西哥灰熊曾是**墨西哥最大的陆生哺乳动物**，也是最大的食肉动物。

与雄性相比，**雌性**墨西哥灰熊**体型小**很多，但**寿命更长**。

墨西哥灰熊主要生活在连绵起伏的山区，**喜爱松树林和草坡地带**。

墨西哥灰熊**夏季**生活在凉爽的**高海拔地带**，**春秋**季节生活在温暖的**低海拔地带**。

墨西哥灰熊冬季**在树洞或岩洞中冬眠**，时长为5~7个月。但如果气候温暖，食物充足，它们也可能不冬眠。

墨西哥灰熊的皮毛为棕灰色或银灰色，西班牙语称之为“el oso plateado”，意思是“**银熊**”。

墨西哥灰熊的**皮毛有两层**，一层短毛用来保持温度，一层长毛用来防水。它身体两侧的毛较长，腹部的毛发稀疏。

墨西哥灰熊有丰满的额头，小小的耳朵，背部两肩之间有明显的肌肉隆起。

墨西哥灰熊的**爪子很长**，可达10厘米，略微弯曲，适用于挖掘，但不善于爬树。

墨西哥灰熊**食性很杂**，能吃小型哺乳动物、昆虫、鱼类，也能吃青草、树根、种子、野果，特别喜欢吃蜂蜜。它的食性偏向素食。

墨西哥灰熊的**奔跑速度很快**，时速约为48千米，相当于1秒前进13米。

墨西哥灰熊的**嗅觉非常灵敏**，视力也不差，聪明而警觉。

墨西哥灰熊在**野生状态下没有天敌**。美洲狮、灰狼和美洲黑熊都会小心地避开它。

墨西哥灰熊是**独居动物**，有领地意识，但繁殖期或育幼时会结伴而行。

墨西哥灰熊的**繁殖速率很慢**。母熊的孕期为180~250天，一胎能产1~3只幼崽。母熊会与幼崽共同生活两年半，在这段时间内它不会再次怀孕。

墨西哥灰熊在1900年前后数量较多，到**20世纪30年代变得罕见**，到20世纪60年代全部种群只剩下大约30只。

墨西哥灰熊**灭绝于1964年**，灭绝原因是赖以生存的森林被破坏，人类为获得皮毛、胆、掌、肉等而对其过度捕杀。

1969年和1983年在墨西哥发现了类似墨西哥灰熊的动物。但在随后的调查中，**没能找到确切的存在证据**。